深入浅出
人工智能

原理、技术与应用

李烨 韩慧昌 侯鸿志 潘旺 著

U0279918

人民邮电出版社
北 京

图书在版编目（CIP）数据

深入浅出人工智能 ：原理、技术与应用 / 李烨等著.
北京 ： 人民邮电出版社，2025. -- ISBN 978-7-115
-65539-4

Ⅰ. TP18

中国国家版本馆 CIP 数据核字第 20249LQ637 号

内 容 提 要

本书旨在帮助读者从零开始学习人工智能，掌握人工智能的原理、技术和应用。

本书共 10 章，首先是人工智能概述，接着深入浅出地讲解人工智能的原理和技术，包括数据预处理、数据可视化、机器学习基础、监督学习模型、无监督学习算法、神经网络基础、训练深度神经网络等内容，最后讲解人工智能的应用，包括智能对话和知识图谱。

本书适合想要学习并掌握人工智能技术和应用的零基础读者阅读，还可以作为高等院校人工智能相关课程的教材或辅导书。

◆ 著　　　　李　烨　韩慧昌　侯鸿志　潘　旺
　责任编辑　龚昕岳
　责任印制　王　郁　焦志炜

◆ 人民邮电出版社出版发行　　北京市丰台区成寿寺路 11 号
　邮编　100164　电子邮件　315@ptpress.com.cn
　网址　https://www.ptpress.com.cn
　优奇仕印刷河北有限公司印刷

◆ 开本：720×960　1/16
　印张：14　　　　　　　　　　2025 年 4 月第 1 版
　字数：235 千字　　　　　　　2025 年 4 月河北第 1 次印刷

定价：79.80 元

读者服务热线：(010)81055410　印装质量热线：(010)81055316
反盗版热线：(010)81055315

推　荐　语

近年来，大模型技术推动人工智能不断取得突破性的进展，深刻改变了人们的生产、生活方式。与此同时，我们看到人工智能人才缺口较大，因此做好专业人才培养和基础科学技术普及尤为重要。

本书深入浅出地讲解了人工智能的原理、技术与应用，涵盖从数据预处理、模型训练到人工智能应用的完整工程方法，让读者能够系统掌握人工智能技术并将理论应用于实践。这是一部人工智能入门佳作，衷心推荐大家通过本书学习人工智能，探索人工智能的无限可能。

——郑纬民，中国工程院院士

作为一项对各行各业影响日益深远的技术，人工智能本应被更多人所了解，然而其相对复杂的理论与方法却常常令一些人望而却步。本书由从事人工智能应用研发的工程师撰写，他们结合自身丰富的实践经验，用简单易懂的方式让没有本领域专业基础的读者也能掌握人工智能的核心原理与方法。本书是一座连接大众与科技的桥梁，对人工智能技术的普及能起到很好的推动作用。

——陶建华，清华大学自动化系长聘教授、中国人工智能学会会士兼常务理事

人工智能是当下推动科技创新、教育提升、经济发展和社会进步的巨大动力。学生、教师、工程师、科学家等各行各业人士，都需要理解、利用和驾驭人工智能。本书由微软 AI 专家撰写，从实战出发，讲解人工智能从基础理论到实际应用的方方面面，非常适合对此领域有兴趣又没有受过专门培训的读者

阅读，也适合作为高校相关课程的教材或辅导书。

——熊璋，对外经济贸易大学信息学院院长、国家教材委员会科学学科
专家委员会委员、中小学信息科技教材研究基地主任

人工智能正在重塑我们的社会，逐步成为每个人都应了解的重要技术。面对这一趋势，我们不能将其神圣化或妖魔化，而应从基础原理出发，理性学习。本书由微软 AI 部门的几位算法专家撰写，深入浅出地讲解人工智能的核心技术与应用，并提供真实案例，理论联系实际。本书非常适合供零基础读者用于入门 AI，也适合用作专业学习 AI 的参考书。理解人工智能，从本书开始！

——韦青，微软（中国）首席技术官

前　　言

人工智能（Artificial Intelligence，AI）正在以前所未有的速度发展和落地。2022 年 11 月底，ChapGPT 上线后给整个世界带来的冲击想必大家记忆犹新。虽然本书的 4 位作者在 AI 领域深耕多年，但在体验过 ChatGPT 后，我们的震惊程度相对于不了解 AI 的大众有过之而无不及。

GPT 系列模型堪称 AI 领域划时代的里程碑，它们的出现彻底改变了 AI 模型训练和应用的范式；它们给世界带来的冲击不仅是技术的提升，更是壁垒的突破。从此以后，AI 技术不再仅限于专业技术人员使用，而是在极低的学习成本下，惠及世界上的每一个人！

在生成式人工智能成为主流的大模型时代，作为个人，如何能够利用好当前的 AI 技术呢？首要的关键点，在于如何正确看待 AI——对 AI 有一个正确的预期，是有效利用各种 AI 技术的前提。

然而，由于长期以来 AI 一直是媒体的热点概念，在诸多宣传之下，AI 在大众心中逐步留下了一个"无所不能的黑盒"的印象。因此，通过了解 AI 背后的技术原理和发展变化过程来对其怯魅，成为当务之急。

本书是一部全面介绍人工智能核心技术与应用的著作，涵盖数据预处理、数据可视化、机器学习、深度学习、神经网络、知识图谱等人工智能领域的众多知识。全书从基础概念入手，深入浅出地讲解前沿算法与实际应用，旨在帮助读者系统化地掌握从理论学习到实际操作的人工智能知识。

本书的写作初心

人工智能技术的发展极其迅速，因此造成了学科教育与实际应用脱钩的情况。本书的 4 位作者作为人工智能产品研发的一线人员，都没有在学校里学习过机器学习和深度学习的相关知识。而对这些知识的应用则不仅没有现成的教案，连具体的落地方式都要通过自己的摸索才能找到方向和方法。

多年来，我们亲身经历了在实践中学习人工智能知识与技术的过程。同时也不断感受到来自同事、客户乃至更广泛人群对人工智能知识的强烈兴趣。

现在各种讲解人工智能技能的图书和资料非常多，各具特色，有的偏重学术，有的重视实操。4位作者通过自己以应用为目的的学习过程，深切地体会到掌握AI整体知识框架的重要性，以及"学—讲—练"的重要性。这也是我们编写本书的初心。我们希望通过系统化的总结，将人工智能的基础知识、核心模型与实际应用凝练在一起，帮助读者更好地理解人工智能的能力与潜力。

本书的结构经过精心设计，内容层层递进：首先对人工智能进行概述，让读者理解什么是人工智能、人工智能有哪些应用方向；其次讲解数据预处理和数据可视化，让读者了解人工智能的工程方法；接着通过深度剖析基础的AI模型和全面介绍更多实用的AI模型，带领读者学习机器学习、深度学习等AI技术的原理；最后探讨智能对话和知识图谱等实际的AI应用。

通过这种系统化的框架，读者能够从全局理解人工智能的知识体系，掌握从数据处理到模型训练，再到智能系统构建的全过程。本书为有实际应用需求的读者提供了清晰的学习路径。

本书的读者对象

本书适合人工智能初学者阅读，尤其适合具有一定编程基础的大学生、软件开发人员及互联网行业的从业者阅读。

我们相信，通过学习本书，读者不仅能掌握人工智能的理论知识，还能应用人工智能技术解决实际问题。

希望本书能够启发你，助你在 AI 的世界中不断前行。

本书的内容结构

本书共 10 章，每章都经过精心的设计，力求深入浅出、通俗易懂。

第 1 章 "人工智能概述"，介绍人工智能的定义、发展史、技术原理、应用方向及其对社会的影响，并概述人工智能行业中的岗位，引领读者走进人工智能的奇妙世界。

第 2 章 "数据预处理"，介绍数据预处理的流程和必要性，以及数据清洗、特征工程等关键技术，帮助读者掌握如何准备高质量的数据以便训练人工智能模型。

第 3 章 "数据可视化"，介绍数据可视化的原则和常用的数据可视化图表，并揭示数据可视化在人工智能中的辅助作用。

第 4 章 "机器学习基础"，介绍机器学习的基本概念、经典模型、模型生命周期等内容，为读者揭开机器学习的神秘面纱，为后续深入学习各类算法打下基础。

第 5 章 "监督学习模型"，深入剖析线性回归、逻辑回归、贝叶斯分类器、决策树、KNN 等经典的监督学习模型，帮助读者掌握解决回归与分类问题的有效工具。

第 6 章 "无监督学习算法"，深入剖析聚类、参数估计、降维等无监督学习算法，揭示它们在数据探索、特征提取等方面的价值。

第 7 章 "神经网络基础"，从神经网络的历史讲起，逐步深入讲解全连接神经网络、卷积神经网络、循环神经网络等内容，引领读者走进深度学习的广阔天地。

第 8 章"训练深度神经网络"，详细介绍深度神经网络的训练方法，包括数据预处理、权重初始化、模型优化算法、正则化、学习率和提前停止等内容，帮助读者掌握提升深度神经网络模型训练效果的方法。

第 9 章"智能对话"，介绍智能对话系统的基础知识、组成模块和构建方法，展现人工智能在人机交互领域的应用。

第 10 章"知识图谱"，介绍知识图谱的概念、数据模型、构建方法、存储方法和应用场景，并带领读者构建属于自己的知识图谱，为读者打开知识管理与智能推理的新视角。

致谢

衷心感谢中国工程院郑纬民院士、清华大学陶建华教授、对外经济贸易大学熊璋教授和微软（中国）首席技术官韦青老师在百忙之中给予本书宝贵的支持与鼓励，你们的指导为本书增添了光彩，也为我们的写作之路提供了动力！

资源与支持

资源获取

本书提供如下资源：
- 书中彩图文件；
- 本书思维导图；
- 程序员面试手册电子书；
- 异步社区 7 天 VIP 会员。

要获得以上资源，您可以扫描下方二维码，根据指引领取。

图书勘误

作者和编辑尽最大努力来确保书中内容的准确性，但难免会存在疏漏。欢迎您将发现的问题反馈给我们，帮助我们提升图书的质量。

当您发现错误时，请登录异步社区（https://www.epubit.com），按书名搜索，进入本书页面，单击"发表勘误"按钮，输入错误信息，然后单击"提交勘误"按钮即可（见下图）。本书的作者和编辑会对您提交的错误信息进行审核，确认并接受后，您将获赠异步社区的 100 积分。积分可用于在异步社区兑换优惠券、样书或奖品。

与我们联系

我们的联系邮箱是 contact@epubit.com.cn。

如果您对本书有任何疑问或建议，请您发邮件给我们，并请在邮件标题中注明本书书名，以便我们更高效地做出反馈。

如果您有兴趣出版图书、录制教学视频，或者参与图书翻译、技术审校等工作，可以发邮件给我们。

如果您所在的学校、培训机构或企业想批量购买本书或异步社区出版的其他图书，也可以发邮件给我们。

如果您在网上发现有针对异步社区出品图书的各种形式的盗版行为，包括对图书全部或部分内容的非授权传播，请您将怀疑有侵权行为的链接通过邮件发送给我们。您的这一举动是对作者权益的保护，也是我们持续为您提供有价值的内容的动力之源。

关于异步社区和异步图书

"异步社区"是由人民邮电出版社创办的 IT 专业图书社区，于 2015 年 8 月上线运营，致力于优质内容的出版和分享，为读者提供高品质的学习内容，为作译者提供专业的出版服务，实现作译者与读者的在线交流互动，以及传统出版与数字出版的融合发展。

"异步图书"是异步社区策划出版的精品 IT 图书的品牌，依托于人民邮电出版社在计算机图书领域 40 余年的发展与积淀。异步图书面向 IT 行业及各行业的 IT 用户。

目　　录

本章将对人工智能（Artificial Intelligence，AI）进行概述，并解决如下6个问题。

（1）人工智能的定义是什么？

（2）人工智能是怎么一步一步发展到今天的？

（3）人工智能背后的技术原理是什么？

（4）人工智能有哪些应用方向？

（5）人工智能给人类带来了什么影响？

（6）人工智能行业有哪些工作岗位？

在回答了以上6个问题后，我们就可以对人工智能有一个初步的了解。

1.1 人工智能的定义

什么是人工智能？人工智能的定义到底是什么？

在介绍人工智能的定义之前，我们先来分析图1-1中，哪些属于人工智能。

(A) 以哭泣表达　(B) 经过训练能识别　(C) 语音电话菜单　(D) 工厂流水线上　(E) 将录音转为　(F) 在线客服
不满的婴儿　　各种交通标识的导盲犬　　　　　　　　的机械臂　　文字的软件

图1-1　6个不同的场景

图1-1（A）中的婴儿哭泣是人的自然反应，是婴儿内心情绪的一种宣泄。这里没有人工（人为）的干预，所以不属于人工智能。

图1-1（B）中似乎包含了智能，但说的是动物，所以不属于人工智能。

图1-1（C）展示了语音电话菜单，也就是交互式话音应答（Interactive Voice Response，IVR），传统的实施方式是用电子逻辑来识别通话者按下的数字0 ～ 9以及符号＊和#，因此是机械的指令操作，不属于人工智能。

图1-1（D）展示了工厂流水线上的机械臂，其中可能包含了人工智能的算法和模型，以使机械臂在操作中具有人的灵活性和认知能力，比如像人的手指一样操作有一定可变参数的零件或工序。

图1-1（E）展示了具有语音识别能力的应用，属于人工智能。

图1-1（F）展示的是客户和在线客服进行电话语音对话，一般不属于人工智能。但是，如果在线客服在接听用户电话的时候，机器人助手能根据聆听到的客服和客户的实时对话，自动从后台查找一些资料提供给客服，以便提高客服的工作效率，则属于人工智能。

那么，如何定义人工智能呢？直观的定义就是将字面意思拆解。

- 人工，指的是人造的，而不是自然的。
- 智能，指的是能够独立地做一件事或完成一项任务，具备认知能力和分析判断能力。

人工智能是在计算机科学的基础上，综合信息论、心理学、生理学、语言学、逻辑学和数学等知识，制造能模拟人类智能行为的计算机系统的一门学科。

下面向大家介绍人工智能领域的一个非常有名的测试——图灵测试。

爱看电影的读者可能看过一部名叫《模仿游戏》的电影，这部电影的男主人公就是被誉为"人工智能之父"的艾伦·图灵（Alan Turing）。

1950年10月，图灵发表了一篇论文《计算机器与智能》（Computing Machinery and Intelligence），提出了"机器能思考吗？"（Can machines think?）的问题。为了回答这个问题，图灵引入了后来被称为"图灵测试"的概念。图灵测试说的是，如果一台机器能够与人展开对话且不被人辨别出其机器身份，则称这台机器具有智能，即这台机器是可以思考的。

当时全世界只有几台计算机，这些计算机根本无法通过图灵测试。

要分辨一个想法是"智能"的思想还是精心设计的"模仿"是非常困难的。图灵测试就是想说明这样一种标准：如果一台机器的表现（act）、反应（react）和互相作用（interact）都和有意识的个体一样，那么这台机器就应该被认为是有意识的。

图灵测试是人工智能哲学方面的第一个严肃提案，在人工智能高速发展的今天，依然有着重要的指导意义。

图灵测试采用"问"与"答"的模式，即观察者与两个测试对象通话，其中一个是人，另一个是机器。要求观察者不断地提出各种问题，从而辨别回答者是人还是机器。图灵还为这项测试亲自拟定了几个示范性问题。

问：请为我写一首以"第四号桥"为主题的十四行诗。

答：不要问我这道题，我从来不会写诗。

问：34957加70764等于多少？

答：（停30秒后）105721。

问：你会下国际象棋吗？

答：是的。

问：我在我的K1处有棋子K；你在你的K6处有棋子K，在R1处有棋子R。轮到你走，你应该下哪步棋？

答：（停15秒后）棋子R走到R8处，将军！

其实，通过编制特殊的程序就可以让机器完成对一些问题的回答。然而，如果提问者不遵循常规标准，编制特定的回答程序将是一件极其困难的事情。

比如，我们再看下面的问题。

问：你会下国际象棋吗？

答：是的。

问：你会下国际象棋吗？

答：是的。

问：请再次回答，你会下国际象棋吗？

答：是的。

此时，你多半会想到，回答者是一台机器，因为对于相同的问题，这个回答者总是回答相同的简单答案。

如果提问与回答呈现下面的状态。

问：你会下国际象棋吗？

答：是的。

问：你会下国际象棋吗？

答：是的，我不是已经说过了吗？

问：请再次回答，你会下国际象棋吗？

答：你烦不烦，干吗老提同样的问题？

此时，你会觉得回答者大概率是人而不是机器。上述两种对话的区别在于，对于第一种对话，可以明显地感到回答者是从知识库里提取简单的答案；对于第二种对话，回答者具有综合分析的能力，因为回答者知道提问者在反复提出同样的问题。

"图灵测试"没有规定问题的范围和提问的标准，如果想要制造出能以规则驱动的方式通过图灵测试的机器，就必须在计算机中存储人类可以想到的所有问题，并存储对这些问题的所有合乎常理的回答，还需要让机器理智地做出选择。这几乎无法完成。但是随着人工智能的不断发展，让机器通过图灵测试已经变得可能。

1.2　人工智能的发展史

人工智能的发展就像我们的人生一样，是有起伏的。

一般将1956年的达特茅斯会议看作人工智能的起点。第一个神经网络——感知机——的发展将人工智能推向了第一个黄金时期；反向传播算法获得的广泛关注，使人工智能进入了第二个黄金时期；随着大数据的发展，人们提出了深度卷积神经网络，人工智能在近几年得到了高速发展。

后续我们会详细介绍人工智能在学术领域和工程技术领域的发展情况。在这里，我们先介绍两件公众已经熟知的大事，从中不难看出人工智能在近几十年经历了飞跃式的发展。

1.2.1　"深蓝"战胜人类

第一件大事是IBM公司的"深蓝"计算机在国际象棋比赛上战胜人类世界冠军。

1996年2月，超级计算机"深蓝"首次挑战国际象棋世界冠军卡斯帕罗夫，但以2∶4落败。之后，研究小组对"深蓝"加以改良，于1997年5月再度挑战卡斯帕罗夫，"深蓝"最终以3.5∶2.5击败卡斯帕罗夫，成为首个在标准比赛时限内击败国际象棋世界冠军的计算机。

"深蓝"的算法核心是暴力搜索：生成尽可能多的下棋走法，执行尽可能深的搜索。换言之，"深蓝"走的每一步，几乎都是在遍历后续所有可能的情况下做出的决策。这样的算法可以战胜国际象棋世界冠军，却不敢对弈围棋选手。因为围棋的可行解数量特别大，即便对计算机来说也是天文数字，穷举围棋的可行解对计算机来说无法实现。"深蓝"的设计者们不禁提问："何时计算机也能下围棋呢？"

1.2.2　AlphaGo

横空出世的AlphaGo回答了"深蓝"设计者们提出的问题。

Go是"围棋"的英文。AlphaGo使用了蒙特卡罗树搜索与强化学习。在这种设计下，计算机可以结合树状图的长远推断，像人的大脑一样自发学习并进行直觉训练，以提高下棋实力。2016年3月，AlphaGo Lee以4∶1战胜韩国顶尖围棋棋手李世石。2017年5月，AlphaGo Master以3∶0战胜中国天才围棋棋手柯洁。至此，AlphaGo一直以人类数据作为学习样本。

2017年10月，AlphaGo团队在《自然》杂志上发表了一篇文章，介绍了AlphaGo Zero，这是一个没有使用人类数据的AlphaGo版本，比以前任何击败人类棋手的AlphaGo版本都更强大。通过跟自己对战，AlphaGo Zero经过3天的学习，就以100∶0的战绩超越了AlphaGo Lee的实力，21天后达到AlphaGo Master的水平，并在40天内超过之前所有的AlphaGo版本，还战胜了柯洁。在人工智能的加持下，人类曾经遥不可及的梦想成为现实。

出现AlphaGo这样强大的人工智能，是人工智能第三次发展浪潮的一项令人激动的成就。而人工智能第三次发展浪潮的到来，在很大程度上要归功于计算机与大数据的迅速发展。近年来，由于互联网与数字化的快速发展，产生了海量的数据，涌现出越来越多的数据存储与处理工具，如中央处理器（Central Processing Unit，CPU）、图形处理单元（Graphics Processing Unit，GPU）、通用图形处理器（General Purpose Graphic Processing Unit，GPGPU）和张量处理器（Tensor Processing Unit，TPU）等。在摩尔定律的加持下，计算机的算力得到了极大提升。

正因为有了数据和算力，人们得以开发出更加优越和先进的算法。2006年，杰弗里·辛顿（Geoffery Hinton）提出了利用无监督的初始化与有监督的微调来缓解局部最优解问题，从而减少神经网络的数据维度，使深度学习更加有效。预训练模型的提出，使得通用模型可以用专业的数据进行特定任务的学习，还使得深度学习在各行各业得以应用。

1.3　人工智能的技术原理

那么，到底如何实现人工智能呢？人工智能的技术原理到底是怎样的呢？受限于计算机理论和计算机软件条件的限制，人工智能在不同的阶段采用了不同的技术途径。

- 第一代人工智能基于规则，机器根据配置和规则来完成任务。
- 第二代人工智能基于传统机器学习，根据有限的数据，学习模型、完成任务。
- 第三代人工智能基于深度学习，根据大量的数据，自行完成算法的迭代和学习，从而完成任务。

相较于第一代和第二代人工智能，基于深度学习的第三代人工智能所能完成的任务更多，效果更好。本节主要介绍以机器学习为导向的第二代人工智能和以深度学习为导向的第三代人工智能的技术原理。

1.3.1　机器学习和深度学习

机器学习的灵感来源于人类的学习方法。那么，人类是怎么学习的呢？人类是通过认识事物以及事物之间的关系来学习的。在此基础上，人类还会进行相应的行为模仿，并且能够基于对事物的认识进行推理。学习是一个贯穿人的一生的动态过程。简单来说，人类学习的过程就是认识事物的概念和了解事物（概念）之间关系的过程。

人脑具有很多高级的功能，比如接收信息、存储信息、交换信息，以及根据过去的经验学习事物的规则，从而使我们能够理解语言、进行抽象推理，以及对视觉模式进行分类。人脑的这些高级功能，使得我们能够快速、准确地从经验（感性知识）和数据（抽象知识）中学习复杂的知识结构。即使是只有8个月大的婴儿，也能发现口语中的规律，从而确定单词之间的界限。

那么，怎么才能让机器开始学习呢？（这里的机器指的是数字计算机，数字计算机只能处理数字信号。）要让计算机进行学习，首先要把真实世界里的"事物"变成数字，其次要把"事物之间的关系"变成运算逻辑，机器学习就是让计算机处理和学习数字之间的逻辑关系。

关于机器学习，周志华老师在他的著作《机器学习》中是这么描述的：

机器学习是这样一门学科，它致力于研究如何通过计算的手段，利用经验来改善（计算机）系统自身的性能。

在计算机系统中，"经验"通常以"数据"形式存在，因此，机器学习所研究的主要内容，是关于在计算机上从数据中产生"模型"的算法，即"学习算法"。

所以，对于一个实际问题，我们可以将利用人工智能解决这个问题的方法分为如下5个步骤。

- 第一步：提出问题。
- 第二步：准备数据。
- 第三步：训练（学习）模型。
- 第四步：测试模型。
- 第五步：应用模型。

本书就是按照这样的逻辑来安排内容的。在后续章节中，大家将陆续学习如何准备数据，以及如何利用不同的人工智能算法来训练并测试模型。进一步地，大家还将学习如何利用一个已经训练好的人工智能应用来帮助我们实现一些功能。

机器学习有很多种分类方式。根据所使用数据形式的不同，我们可以定义不同的训练任务。机器学习从任务类型上可以粗略地分为以下两类：监督学习（Supervised Learning）和无监督学习（Unsupervised Learning）。监督学习的训练数据有明确的预期结果，而无监督学习的训练数据没有明确的预期结果。

机器学习按照学习方法可以分为传统机器学习和深度学习。深度学习主要模拟人脑的工作原理，通过一些被称为"神经网络"的结构来实现，这些神经网络可以有很多层，因此得名"深度学习"。神经网络的每一层由数以千计的"神经元"组成，它们可以自动学习数据的表示。随着层数的增加，神经网络可以识别越来越复杂的模式。需要注意的是，深度学习是机器学习的一个重要分支。机器学习和深度学习并不是并列关系，而是包含关系。

1.3.2　机器学习三要素

数据、算法和模型是机器学习的三要素。数据 + 算法 = 模型。

在特征的选取上，传统机器学习是全人工的，而深度学习是半人工的。传统机器学习对训练数据量的需求比较小，而深度学习对训练数据量的需求非常大。对于计算能力，传统机器学习的需求较小，而深度学习的需求非常大。在所训练出来的模型的自适应性上，传统机器学习比深度学习稍弱，但前者训练出来的模型具有较强的可解释性。

传统机器学习首先需要根据问题的性质和数据的条件，选择合适的模型类型和模型函数。常用的机器学习模型有线性回归、逻辑回归、朴素贝叶斯分类、k均值聚类、支持向量机、隐马尔可夫模型、谱聚类等。

深度学习则主要由神经网络构成。神经网络也称为连接模型，是一种模拟人脑行为特征、进行分布式并行信息处理的数学模型，由神经元和连接构成。

神经网络是一种多层网络，这种网络依靠系统的复杂性，通过调整内部大量节点之间相互连接的关系，实现网络处理效果的最优化。在后续章节中，我们将详细介绍如何使用神经网络搭建深度学习算法，并训练和测试相关模型。

深度学习的发展经历了从追求深度到追求神经元的复杂性，并不断寻求不同类型的深度神经网络的过程，其间出现了卷积神经网络（Convolutional Neural Network，CNN）、循环神经网络（Recurrent Neural Network，RNN）、长短期记忆（Long Short-Term Memory，LSTM）模型等。近些年，也有Attention、Transformer等更高效的类神经网络的深度学习机制出现。可以说，对于不同的应用，我们可以构造多种多样的深度学习模型来完成任务。

1.4 人工智能的应用方向

1.4.1 深度学习应用的四大领域

当前，深度学习主要应用在如下四大领域：图像处理、语音处理、自然语言处理（Natural Language Processing，NLP）和知识图谱（Knowledge Graph，KG）。

1. 图像处理

常见的图像处理有人脸识别、物体识别、光学字符识别（Optical Character Recognition，OCR）等。

人脸识别指的是根据图像识别一个人脸图像和目标数据库里的哪个人最接近，从而判断这个人的身份。我们在电影中经常看到的根据监控录像寻找特定人的踪迹就是应用的人脸识别。

物体识别指的是从图像中识别出不同的物体，让计算机根据物体的不同性质分别做出不同的应对。物体识别已被应用在汽车自动驾驶上，它可以给汽车自动驾驶算法提供接近甚至超过激光雷达目标识别的效果。物体识别还可以用于在偏远的森林里安装红外摄像机来捕捉濒临灭绝的野生动物的踪迹。

OCR指的是对图像中印刷或手写的文字进行识别，从而让计算机能像人一样读取图像中的文字，然后进行相应的处理。OCR的应用十分广泛。图书馆里海量图书的电子化，依靠的就是越来越精确的OCR技术。在现实生活中，车牌号码的识别，也得益于OCR的普及。OCR既可以在云端进行，也可以在远端（边缘）进行，具体采用哪种方式需要综合考虑应用的场景、费用、效率等因素。

2. 语音处理

语音处理主要包括语音识别和语音合成，涉及数字信号处理、人工智能、语言学、数理统计学、声学、情感学及心理学等知识。语音处理技术在我们日常生活中的典型应用有智能音箱、电话自动机器人客服、语音输入转文字、自动朗读机、网页语音播报、手机语音助手等。

3. 自然语言处理

自然语言处理是指通过对自然语言的处理，使得计算机能够理解自然语言的含义。自然语言处理的相关研究始于人类对机器翻译的探索。虽然自然语言处理涉及语音、语法、语义、语用等多维度的操作，但简单而言，自然语言处理的基本任务是基于本体词典、词频统计、上下文语义分析等对待处理语料进行分词，形成以最小词性为单位且富含语义的词项。自然语言处理是一门典型的交叉学科，涉及语言科学、计算机科学、数学、认知学、逻辑学等。

4. 知识图谱

知识图谱主要用于描述现实世界中的实体（即客观世界中的具体事物，如张三、李四等）、概念（即人们在认识世界的过程中形成的对客观事物的概念化表示，如人、动物等）及事物间的客观关系。

知识图谱由节点和边构成，节点表示现实中存在的实体，边则表示实体之间的"关系"。

知识图谱和深度学习的关系主要体现在知识图谱的构建过程中。知识图谱和深度学习的另一个关联在于，可以将图计算和深度神经网络相结合来进行图结构的预测和大型图谱中图节点的分类。

1.4.2 人工智能的应用场景

人工智能的常见应用场景包括对话系统、智能教育、艺术创作、智能推荐系统和自动驾驶等。

1. 对话系统

人工智能可以用于对话系统和聊天机器人。最早的人工智能应用之一就是聊天机器人，它通过允许人与机器进行对话，弥合了人与技术之间的通信鸿沟，使得机器可以根据人提出的请求或要求采取行动。早期的聊天机器人遵循一些脚本规则，这些脚本规则告诉机器要根据关键词采取什么行动。

机器学习和自然语言处理技术使聊天机器人更具交互性和生产力。这些较新的聊天机器人能更好地响应用户的需求，并越来越像真人一样交谈。微软小冰和一些电商网站的智能客服就是将人工智能用于对话系统和聊天机器人的典型实例。

2. 智能教育

智能教育也是人工智能常见的应用场景，比如智能课堂——利用人脸识别技术将学生与他们的个人信息相对应，并利用动作识别技术识别学生的听课状态。此外，还可以利用OCR技术实现"一键搜题"等功能，对上传的题目进行智能判别。所有个人的学习数据都可以存储保留，形成个人的教育档案，以进行个人定制化的教育服务，所有的教育数据也可以陪伴学习者终身。

3. 艺术创作

人工智能在艺术创作上也占据一席之地。随着图像和语音生成算法的崛起，人工智能可以进行多种多样的艺术创作。只需要输入想要的风格和内容，人工智能就会自动生成相应的画作或乐曲。图1-2展示了人工智能生成的画作。Soundraw等平台可以利用人工智能制作音乐。

图1-2　人工智能画作

4. 智能推荐系统

网络上每天都在产生海量的信息，人们想要迅速、准确地找到自己感兴趣的内容或商品越来越难，而且绝大多数用户往往只关注主流内容和商品，而忽略相对冷门的大量"长尾"信息，导致很多优秀的内容或商品没有机会被人发现和关注。如果大量的长尾信息无法得到流量，信息生产者就会离开平台，影响平台生态的健康发展。此时，如果平台能够高效匹配用户感兴趣的内容或商品，就能提高用户体验和黏性，获取更多的商业利益。

人工智能可以帮助平台自动生成用户的画像，并精准地向用户推荐合适的内容和商品。当前，智能推荐系统在精准用户获取、用户个性化推荐、用户流失预警中发挥着十分重要的作用。

5. 自动驾驶

火热的自动驾驶技术可以说将人工智能的应用发挥到了极致，它几乎用到了人工智能领域的最新理论和技术成果。

人们投入如此高的热情来研究自动驾驶，主要有4个方面的原因：第一，自动驾驶可以使新能源汽车从根本上摆脱驾驶员的"非节能"驾驶方式；第二，自动驾驶可以把驾驶员从驾车这一技术工种中解放出来，降低汽车的使用门槛，开拓汽车市场的容量；第三，自动驾驶可以大幅提高汽车资源的利用率，从而降低汽车的使用成本；第四，自动驾驶可以提高驾驶安全和道路安全，减少恶性交通事故。

众多中外汽车厂商都在自动驾驶赛道有所布局。国外的有Waymo、特斯拉、Uber等，国内的有百度、小马智行等。大家都认为自动驾驶是我们走向智能汽车的重要目标。

根据自动驾驶的自动化和自主化程度，自动驾驶分为5个级别。

第1级，驾驶员辅助。这是自动驾驶的最低级别。车辆具有单独的自动化驾驶员辅助系统，如转向或加速（巡航控制）。自适应巡航控制系统可以让车辆与前车保持安全距离，驾驶员负责监控驾驶的其他方面（如转向和制动），因此符合1级自动驾驶标准。

第2级，部分自动驾驶。车辆具有高级驾驶辅助系统（Advanced Driving Assistant System，ADAS），能够自动控制转向及加速或减速。因为有驾驶员坐在汽车座位上，并且可以随时控制汽车，所以这一级别的自动驾驶还算不上无人驾驶。特斯拉的Autopilot和凯迪拉克的Super Cruise系统都符合2级自动驾驶标准。

第3级，受条件制约的自动驾驶。汽车具有"环境检测"能力，可以根据信息自己作出决定，如加速超过缓慢行驶的车辆。但是，这一级别的汽车仍然需要人类来操控。驾驶员必须保持警觉，并且要能够在系统无法执行任务时对汽车进行操控。

第4级，高度自动驾驶。汽车能够以无人驾驶模式行驶，但由于立法和基础设施欠缺，这一级别的汽车只能在限定区域内行驶（通常是在城市路况下行驶，平均行驶速度最高可以达到大约48 km/h），这被称为地理围栏（geofencing）。因此，现有的大多数4级自动驾驶汽车面向的是共享出行领域。

第5级，完全自动驾驶。驾驶汽车不需要人为关注，从而免除了"动态驾驶任务"。5级自动驾驶汽车甚至没有方向盘或加速/制动踏板。它们不受地理围栏的限制，能够去任何地方并完成任何有经验的人类驾驶员可以完成的操控。

自动驾驶要求汽车需要有感知环境的传感器，如雷达、激光雷达、可见光照相机、红外照相机、立体视觉、声音传感等，以及GPS（Global Positioning System，全球定位系统）、汽车域网等内/外部设备。自动驾驶的汽车需要根据这些设备知道自己在哪儿，周围环境中都有什么，如何从一个地点行驶到另一个地点，乘客和驾驶员在干什么，以及需要执行哪些操作来控制驾驶。

自动驾驶是人工智能技术的集大成者，它涉及环境感知和行为决策。

环境感知包括对外部环境（道路、行人、周围车辆、障碍物等立体环境）的感知和对内部环境（包括驾驶员或乘客的状态）的感知。对外环境感知利用了大量的与计算机视觉相关的人工智能技术，包括但不限于目标识别、Re-ID、3D模型重建、高精度定位等。对内环境感知在图像方面用到了人脸识别和表情识别，在自然语言处理方面用到了语音识别和合成、自然语言理解等。

行为决策涉及车辆的最优导航路径规划、事故避免策略制定、多路传感信号综合处理判断等人工智能预测和决策任务。

1.5 人工智能的影响

人工智能虽然为人类带来了便捷，但也可能给人类带来一些负面影响。

1.5.1   人类和机器

有很多人担心：未来人工智能崛起，会不会引发人类和机器的竞争呢？

人类未来的工作方式会不会从原来的和工具一起工作，变成和机器一起工作，直到和机器人一起工作呢？人类和机器人会有怎样的竞争呢？

不可否认的是，在未来的社会中，机器一定会占据越来越大的比重。不过，我们并不需要担心被机器打败——机器会为人类解决琐碎的问题，让我们腾出精力做更多有趣的事情。我们将更有机会成为原创者，去创造更优秀的事物。我们人类还有着更多感性的情感，比如对美和感情的认知，这是机器很难学习并具备的。

我们来看一下如何区分鸵鸟和鸸鹋（见图1-3）。乍看两者非常接近，但是通过脖子和尾巴的不同，我们可以很容易地区分它们。

图1-3   鸵鸟（左）和鸸鹋（右）

如果让计算机来识别图1-3中的两张图片，计算机就需要学习每一种鸟的特征，进而判断这究竟是鸵鸟还是鸸鹋。另外，如果样本量较小或者角度有变化，计算机就有可能无法识别图片中鸟的种类。

1.5.2   人工智能对法律的冲击

即便是刚才提到的人工智能的集大成者——自动驾驶，现在也依旧不成熟。比如，若某电动汽车在自动驾驶过程中导致司机死亡，或者在某共享汽车的自动驾驶测试过程中发生事故导致行人死亡，责任如何判定？是司机的错还是算法的错？这些都需要有法律作为评判依据。

同样，机器人也对法律规则带来了冲击，新的智能和主体会带来新的情况，而数据隐私和数据霸权则是我们当今所要面对的问题。

人工智能不仅给法律系统提出了新的问题和挑战，也给全人类提出了对于人性和道德的挑战。如果机器人被他的设计者、制造者或拥有者用来侵害他人的合法权益，甚至威胁他人的生命安全，谁应该为可能发生的灾难负责？如果机器人被当成武器直接派到前线参加战争，不管是以无人机的形式，还是以单兵的形式，我们会为人工智能的发展而感到骄傲和自豪吗？

多数学者认为，人工智能的发展将对法律及其行业生态产生巨大影响。因此，面对人工智能的法律风险，应该如何立法应对，已成为法学界关注的重点问题。学者们主要从法理学的宏观视角审视人工智能的法律风险。对人工智能的立法可以分为两种：一种是对人工智能应用的立法；另一种是对人工智能的利益相关者，包括设计者、生产者、使用者和维修者的立法。立法原则包括目的正当原则、人类善良情感原则、公众知情原则或透明原则、政府管控原则、分类管控原则、全程管控原则、预防原则以及国际合作原则。在这些原则的基础上，推动互联网、大数据、人工智能和全面依法治国的深度融合，树立数据思维，运用互联网技术和信息化手段来推动人工智能的科学立法。

人工智能的广泛应用及人工智能立法的转型，将重构公众认知法律的模式，重构法律规则本身的形态，进而重构法律的价值导向。也有学者对目前法学界对人工智能法学研究明显违反人类智力常识的反智化现象进行了严肃的批判，主张法学研究应该避免盲目跟风，走出对人工智能的盲目崇拜，回归学术研究的理性轨道。一些著名学者认为，人工智能给传统法治带来了重大变革和影响，推动了数字时代的法治范式转型。

总之，我们不要过度地神化人工智能，更不要对它抱有畏惧心理，我们要用科学、客观的眼光来看待这门学科的成就和发展。

1.6　人工智能岗位概述

回顾 1.4.1 节，深度学习应用的四大领域如下。

- 图像处理，包含人脸识别、物体识别、OCR等。
- 语音处理，包含语音识别、语音合成等。
- 自然语言处理，包含文本分析、摘要提取、自动翻译等。
- 知识图谱，是图像处理、语音处理和自然语言处理的集大成者。

这四大领域没有高下之分，都是很好的方向，只要深钻下去，必将闯出一片广阔的天地。

人工智能浪潮中的企业也分很多种，既有传统软件企业，比如一线互联网大厂和新型的二线互联网企业；也有以视频、语音、图像等技术见长的明星独角兽企业。除了大公司，也有许多中小型人工智能创业公司，这些创业公司的模式大多为"人工智能+"，比如将人工智能与金融、保险、医疗、安防等领域相结合。这么多的人工智能企业，不仅需要有过硬的技术能力，还需要海量的数据来支持算法模型，因此诞生了许多数据外包公司，这些数据外包公司提供源数据和数据标注服务。

人工智能在工业上的应用也十分丰富，例如，以下工作都涉及人工智能。

- 工业管理，包括资产管理、供应链管理等。
- 工业自动化，包括工业人工智能平台、质量控制检测、故障诊断等。
- 工业上的数据分析，包括工业边缘分析、物联网、边缘计算等。
- 工业设计，这方面也有大量的人工智能应用。

未来，工业不再是笨重机械的代表，工业也在向智能化发展。

人工智能技术人才栈主要分为三层，最上面是算法层，中间是工程层，下面是数据层。越往上层的岗位，对人才的综合要求越高。

算法层上既有侧重于研究的算法科学家，也有侧重于工业应用的科学家，还有负责算法分布式实现的分布式计算专家。

工程层上的工程师分为三类：第一类是算法工程师，他们负责特征工程和模型训练；第二类是平台工程师，他们负责服务平台开发；第三类是AIOps，他们负责模型的部署、监控和运维。

数据层上的工程师也分为三类：第一类是大数据工程师，他们负责数据的收集、存储、预处理；第二类是负责数据标注工具开发的工程师；第三类是数据标注人员。

如果想深入了解人工智能行业各个岗位的情况，以及如何入行人工智能，推荐阅读《人工智能入行实战：从校园到职场》，该书不但全面介绍了人工智能行业的技术概况、就业市场和求职方法，还分享了8位不同背景AI从业者的真实故事，能够帮助AI行业的新人合理规划职业发展。

第2章
数据预处理

本章将介绍数据预处理。数据预处理是人工智能工程中的重要环节，本章会讲解数据预处理的基本概念、数据清洗和特征工程。

2.1 什么是数据预处理

数据科学、机器学习、深度学习等一系列技术，要么从数据中挖掘有价值的信息，要么通过数据可视化呈现信息，要么通过训练模型应用到更大范围的数据上，这一切都离不开数据。对数据的处理，是一切下游任务的前提。

2.1.1 数据处理的流程

数据处理的流程一般分为3个阶段：数据收集、数据预处理和数据分析。数据预处理作为中间环节，承接了前一阶段收集来的原始数据，为数据分析、数据可视化和模型训练等下游任务提供优质的原材料。

2.1.2 数据质量

数据预处理的目标是提高数据的质量。数据的质量通常用以下3个标准来衡量。

- 准确性：数据是否正确，是否包含异常值或错误值。
- 完整性：数据是否存在缺失现象。
- 一致性：数据内部是否遵循同样的尺度和标准，数据之间的逻辑是否一致。

2.1.3　数据预处理的必要性

一定要经过数据预处理才能保证数据的质量吗？直接把收集来的原始数据送去分析不可以吗？答案是不可以。接下来，我们先从数据收集和数据分析两个角度来看数据预处理的必要性，再分析数据预处理在整个数据处理流程中的地位。

1. 从数据收集的角度看数据预处理的必要性

数据收集，就是把所需的数据收集并存储起来，用于后续的分析和挖掘。在这个阶段，原始数据本身极有可能存在缺陷。

首先，数据收集的渠道是多种多样的，例如通过发放街头问卷、录制音频或下载电子系统的日志来收集数据。对于街头问卷，需要手动录入或进行光学字符识别；对于录音，需要人工转录或进行语音识别；对于电子系统，则需要额外进行前后端的开发工作。

其次，不同来源的数据有不同的存储方式，如文本文件、Excel表格、数据库等。不同的存储方式产生了各式各样的数据，如文本、数值和多媒体类型的数据。此外，存在各式各样的数据结构，如关系数据库中的二维表和NoSQL数据库中的JSON文件。

在上述过程中，每一个环节都可能使数据的质量下滑。例如，在人工转录的过程中，数据誊录出错了怎么办？数据在存储的过程中是否会遗失？通过不同渠道收集的同一维度的数据是否需要合并起来，以保持数据结构和数据类型的一致？同一份数据若通过两个渠道收集上来，是否存在标准不一致或有重复数据的情况？以上都是数据预处理需要解决的问题。

2. 从数据分析的角度看数据预处理的必要性

对于下游的数据分析、数据可视化或机器学习、深度学习任务来说，数据的质量尤为关键。如果数据中包含异常值或错误值，制作出来的数据图表则很可能没有可读性；错误的数据会引入过多的噪声或冗余的特征，导致模型产生严重偏差。

除此之外，并不是所有正确、干净的数据都可以直接展现在可视化图表中或者作为模型训练的输入，而是需要对数据进行编码、归一化、特征构造和特征选取等进一步操作。

3. 数据预处理在整个数据处理流程中的地位

从数据收集和数据分析两个角度，我们可以得出如下结论：数据预处理在整个数据处理流程中是非常重要的，现实中也恰恰如此。数据科学家、算法工程师的大部分日常工作就是对数据进行预处理。

《纽约时报》资深撰稿人史蒂夫·洛尔（Steve Lohr）表示：

根据采访和专家估计，数据科学家将50%～80%的时间花在了收集和准备难以驾驭的数字数据上，然后才能从中挖掘出有用的"金块"。

2.2 数据清洗

数据清洗就是把各种方式收集来的原始数据清洗干净，提升数据的质量。数据清洗与数据本身的含义和下游任务息息相关。数据清洗的主要目标是对冗余值、异常值和缺失值进行处理。

2.2.1 冗余值处理

冗余值是指多余的、重复的值。冗余表现为完全冗余或部分冗余，完全冗余指两个数据一模一样，而部分冗余指两个数据中某些字段的值是一样的。从另一个角度看，冗余还可以分为样本冗余和特征冗余。

数据清洗模块只考虑样本冗余，特征冗余则需要在进行特征工程时对特征进行筛选。对于冗余值，最简单的处理方式就是将冗余样本直接删除。

举个例子，图2-1中的数据表达的是银行账户信息，两个黄色的样本完全一致，因此将其中的第二个样本删除。两个橙色的样本虽然ID不同，但后面的信息完全一致，这有可能是输入错误，需要弄清楚哪一个ID正确，并将错误的样本删除；还有一种可能，就是这两个样本恰好数据一致，在这种情况下，这两个样本都应该保留。3个蓝色的样本只有time字段的值不同，因而更需要分析time字段的含义。如果3个不同的时间分别代表3个不同的事务，那么3个蓝色样本都不能删除。

通常情况下，冗余数据是由于合并不同来源的数据表造成的。冗余值不仅仅会增大计算、存储压力，还可能隐含数据不一致的情况，值得关注和分析。

customer_id	account	duration	credit_his	purpose	time
1122334	A11	6	A34	A43	2019/3/14
6156361	A12	48	A32	A43	2019/4/16
1865292	A14	12	A32	A43	2019/5/16
2051359	A12	48	A32	A43	2019/4/16
1865292	A14	12	A32	A43	2019/5/17
8740590	A11	42	A32	A42	2019/7/30
3924540	A11	24	A33	A40	2019/5/1
8740590	A11	42	A32	A42	2019/7/30
3115687	A14	36	A32	A46	2019/10/15
8251714	A14	24	A32	A42	2019/10/5
2272783	A12	36	A32	A41	2019/1/8
1865292	A14	12	A32	A43	2019/5/18
8369450	A12	30	A34	A40	2019/4/30
2859658	A12	12	A32	A40	2019/7/18
7677202	A11	48	A32	A49	2019/10/17
6368245	A12	12	A32	A43	2019/4/15
8363768	A11	24	A34	A40	2019/4/13

图2-1 银行账户信息

2.2.2 异常处理

一般来说，异常处理涉及异常值和错误值，错误值是异常值的一种。错误值是指不符合数据前提假设的值，比如年龄为−1岁、笔记本的重量为1t，最高气温为1000℃（当然，这个温度在金星上就不是错误值）。异常值通常是不寻常的数据，比如距离数据分布较为偏远的数据点，这一类点被称为"外点"。举个例子，假设我们收集了某个地区女性的年龄数据，发现其中的大多数分布在0～80岁，而此时出现一个年龄为108岁的样本。这个年龄罕见，我们有理由去进行二次确认，判断是确有其人，还是因录入错误而产生。

由此可见，异常数据并不总是错误值。我们可以建立一个用于异常数据处理的流程：先对数据设定一个区间或定义一系列规则，如果超出这个区间或违反规则，则进入异常处理阶段，判定是否为错误数据，根据判定情况，再进行接下来的处理。

识别异常数据的方法还有绘制箱形图（见图2-2），或是根据中心极限定理将数据转为正态分布（见图2-3）。在正态分布中，若样本点落在距离均值 3σ（σ 是标准差）的区域外，则该样本点数据出现的概率小于0.3%，可被判定为异常值。如何发现异常值的问题在机器学习中统称为异常检测问题，目前对此已经有非常多深入的研究。

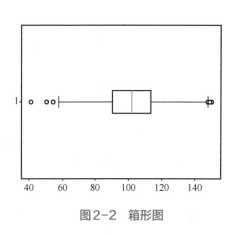

图2-2 箱形图

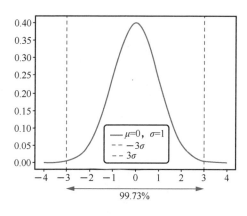

图2-3 正态分布

发现异常值后，应该进行怎样的处理呢？一种方法是将异常值删除，当作缺失值对待。比如对数据做回归分析，外点的存在导致回归函数与其他数据的拟合程度非常低，而在删除外点后，回归函数的性能表现就很好。这种方法在可视化分析中也很有用。例如，一个异常值距离整体的数据分布很远，为了使这个异常值出现在图表中，就需要对图表的尺寸做很大的调整，这会使得大部分数据挤在一起，可视化效果大打折扣，所以在这种情况下也需要将异常值删除。

当然，也可以保留异常值。从某个角度来说，如果异常值不是因为数据收集而产生的错误值，则异常值的出现一定存在更深层次的原因，因此异常值通常包含极大的信息量，在收集更多信息后分析异常值的出现原因，很可能得到非常重要且有趣的结论。所以，异常值也可能是数据分析的关键，适当地保留异常值也是相对合理的。

如果异常值被判定为错误值，那就可以直接删除。由于人为因素的存在，数据收集产生的错误值是很难避免的，这部分错误值有时也称为噪声。对于噪声的判定和处理，除了上面所讲的规则和方法，还有很多其他的方法和机制。

2.2.3 缺失值处理

缺失值的产生可能源于数据的人工录入、机器故障、传输错误等诸多因素。缺失值的表现形式并不仅限于数据项为空。

如图2-4所示，在normalized-losses列中，除了正常的数值，还包含"？"和空值，前者可能来自录入数据时的标注，而后者可能是在进行多表合并时产生的。horsepower列中的NaN，以及peak-rpm列中的-9999，则是不同人对缺失值的不同表达方式，在处理缺失值的过程中，我们应仔细应对。

symboling	normalized-losses	bore	stroke	horsepower	peak-rpm	price
3	?	3.47	2.68	111	5000	13495
3	?	3.47	2.68	111	5000	16500
1	?	2.68	3.47	154	5000	16500
2	164	3.19	3.4	102	5500	13950
2	164	3.19	3.4	115	5500	17450
2	?	3.19	3.4	110	5500	15250
1	?	3.19	3.4	110	5500	17710
1	?	3.19	3.4	110	5500	18920
1	158	3.13	3.4	140	5500	23875
0	?	3.13	3.4	160	5500	?
1	?	3.31	3.19	121	4250	24565
0	?	3.62	3.39	182	5400	30760
0	?	3.62	3.39	182	5400	41315
0	?	3.62	3.39	182	5400	36880
2	121	2.91	3.03	48	5100	5151
3	?		?	101	6000	10945
3	?		?	101	6000	11845
3	150		?	101	6000	13645
3	?		?	135	6000	15645
0	?	3.46	3.9	NaN	-9999	9295
2	?	3.46	3.9	NaN	-9999	9895
3	150	3.54	3.07	110	5250	11850
2	104	3.54	3.07	110	5250	12170

图2-4　数据样本

对于缺失值，一种处理方法是直接删除。如果某个特征的缺失值太多，就删除这个特征。如果某个样本的缺失值太多，就删除该样本，以确保数据的完整性。但这样做显然会导致数据的流失，进一步影响样本数据的分布，尤其是缺失值在不同样本间分布不均匀的情况，会导致下游的分析结果产生偏差和错误。

缺失值的另一种处理方法是对缺失值进行填充。填充策略有很多种，最简单的一种就是设定一个固定的默认值进行填充。默认值有多种选择，如果是数值型数据，如年龄、身高，可以选择填充平均值或最小值等，也可以选择填充一个NaN/Null标签。

举个例子，假设平台要求用户在注册的时候填写基本数据，其中年龄是选填项。如果在进行缺失值处理的时候，将未填写的年龄都标注为40岁（根据经验，用户的平均年龄为40岁），那么在对用户的年龄分布进行可视化时，就会产生图2-5中的情况，40岁的用户占比非常大，明显超出其他任何一个区间。就这个例子而言，不应对未填写的数据进行填充，因为这样做非但没有使数据分布更加平滑，还导致真正填写40岁的有效数据的遗失。所以，应单独标注出来未填写年龄数据的情况，再加入一个区间作为未填写的数量。

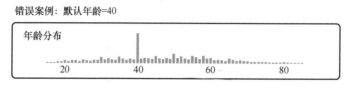

错误案例：默认年龄=40

图2-5　年龄分布的可视化结果

不仅可以使用固定默认值的方法，也可以采用动态填充的策略。例如，Python的数据处理包pandas实现了向前填充或向后填充的方法，从而将前一项或后一项的值填充在当前缺失的这一项中。如果是时序数据，比如某个地区一天中每分钟的温度数据，则可以采用插值的方法来填充，使得数据更加平滑。

还可以使用概率统计中的一些方法（如极大似然估计），根据前提假设的数据分布估计出缺失值最可能的情况，或者通过训练机器学习模型（如KNN）来预测缺失值。

2.3 特征工程

2.3.1 特征工程的必要性

在进行完数据清洗后，我们认为数据已经具备完整性、准确性和一致性，但数据仍然不足以支撑下游任务，这是为什么？

数据一般可以分为数值型数据和非数值型数据（如文本），比如身高就是数值型数据，性别则是非数值型数据。对于非数值型数据，需要对其进行编码，使其变成可以进行运算的形式。

一个工业级的数据集有可能包含几百甚至上千个特征，我们一般不会将全部的数据都拿来做分析和可视化。有些特征存在明显的相关性，而有些特征需要我们基于一定的规则进行选择和过滤。

有时，原始特征并不能充分反映数据中包含的信息，还要进行再加工，比如根据班级学生成绩构造出合格率这个特征。而有时，各个维度上的数据统计尺度不一样，有些数据的取值范围是[−1, 1]，有些数据的取值范围则是[1000, 2000]，这会给模型的训练带来很大的麻烦，所以还需要执行归一化等操作。

2.3.2 特征构造

特征构造主要依赖以下4个方面：业务知识、数据质量、与其他特征的相关性，以及对模型性能的需求。通常来说，业务知识是第一位的。当收集到的原始数据不足以表征信息时，就需要单独构造特征。各行各业都存在大量不同的指标，它们并不是从数据收集中得到的，而是通过一定的规则运算得到的。人工的方法就是依照业务写一些规则进行特征构造。比如，某在线健身平台得到一组用户输入的身高和体重数据，现在需要了解用户的身材，我们可以通过式2-1计算出BMI值，用BMI值来表征用户的身材。

$$\text{BMI} = \frac{\text{体重}}{\text{身高}^2} \qquad\qquad (式2-1)$$

再比如，假设我们在这个在线健身平台上部署了多个推荐策略，并在运行一段时间后收集到了大量的用户行为数据。对于收集到的用户行为数据，可以根据推荐算法的评价指标，手动计算出精确率、召回率（将在4.3.3小节中介绍）等，然后就可以对这几个推荐策略进行分析了。

特征的构建与数据的业务知识和具体的任务是紧密联系在一起的。除了依据业务手动构建特征，还可以通过构造多项式特征、核方法等，将多个特征按照一定的线性或非线性模式组合起来，成为新的特征。

特征工程是机器学习的一大难题。在传统的机器学习任务（例如利用支持向量机训练一个分类模型，或者用线性回归训练一个回归模型）中，特征工程已经从数据处理中独立了出来，成为一个单独的模块。可以说，特征工程是影响机器学习模型训练的一个决定性因素。在深度学习领域，特征工程已经从手动构造特征转为通过复杂网络自动提取数据中的特征。例如，利用卷积神经网络提取图像中的局部模式，通过循环神经网络提取序列数据的特征等。自动提取特征已经成为深度学习的一种范式。

2.3.3　特征筛选

特征筛选，就是对现存的特征进行选择和过滤。

对于质量不佳的特征，比如缺失值过多或数据的一致性较差，以及导致数据分析结果出现偏差或使训练出的模型不准确的特征，应当筛除。

如果下游任务是训练模型，则根据模型的性能需求，需要对特征的数量进行控制。过多的特征会造成模型收敛过慢，同时也会带来噪声，造成模型的准确度进一步下降。

关于特征筛选，可以从信息论的角度来处理。信息熵是信息论中的基础概念，可用于衡量特征所包含信息量的大小：信息熵越小，特征包含的信息就越少。应尽可能保留信息熵大的特征，而放弃信息熵小的特征。除了信息熵，还可以根据信息增益、基尼系数等指标来筛选特征。

还可以采用统计手段计算特征向量之间的相关性，如卡方检验、皮尔森相关系数、协方差等，找出相关性较高的特征组，保留其中之一。

在机器学习中，有一类任务被称为降维，有很多成熟的方法可用来进行特征构造和特征筛选。比如主成分分析（Principal Component Analysis，PCA），旨在对样本特征的协方差矩阵进行矩阵分解，并将样本特征映射到低维的特征向量空间中，新的特征向量的每一维的基底都是正交基底，相关性为0。

2.3.4　特征编码

常见的编码方式有0-1编码、独热（one-hot）编码、哈希（hash）编码等。非数值型数据在转换为标量或向量后，就可以进行运算了。

1. 0-1编码

0-1编码也称为二进制编码，就是对取值为二进制值的特征进行编码。比如性别，将男性编码为1，将女性编码为0。再比如考试成绩是否通过，将通过编码为1，将不通过编码为0。

2. 独热编码

独热编码是对0-1编码的推广，比如对一个人的样貌特征进行编码，如果将特征设置为[长发，卷发，戴眼镜，高个子]，则[1,0,0,1]就代表这个人长发、直发、不戴眼镜、高个子（见图2-6）。这些属性特征之间不存在数值上的关系，区别仅在于"有"和"没有"。比如长发和卷发是没办法进行数值运算的，如果编码成一个维度，长发为0，卷发为1，则诸如长发加卷发等于卷发的运算本身不具备逻辑性，没有任何意义，所以要用独热编码将其拓展为两个维度，映射到更大的特征空间中，这样就很好地解决了属性特征的运算问题。

特征	长发	卷发	戴眼镜	高个子
编码	1	0	0	1
含义	长发	直发	不戴眼镜	高个子

图2-6 独热编码的例子

3. 哈希编码

哈希编码也称为哈希特征（feature hashing）。简单来说，就是通过哈希函数，将较大特征空间中的特征映射到较小的特征空间中。举个例子，假设原词表有10万维，通过哈希函数将其映射到一万维的特征空间中，则原词表中的每一维将唯一地对应新特征空间中的一个维度。哈希函数的选择是很巧妙的，它恰好使得两个数据点在原特征空间中的点积和新特征空间中的点积的偏差非常小。也就是说，新特征空间和原特征空间的性质基本是一致的。这样我们就可以认为新特征空间很好地保留了原特征空间的信息。

除此之外，在下游任务是训练模型的情况下，如果采用独热编码，那么当添加一个维度的特征时，整个模型就需要重新训练；而如果采用哈希编码，则由于提前指定了新特征空间的维数，因此当添加新特征时，特征向量的维度将保持不变。

哈希编码也存在缺点，那就是有可能导致两个特征被映射到同一个维度，造成信息的损失。

4. 其他编码

还有一类数据，它们本身存在数量上的关系，可以编码为数值型特征。比如，衣服的尺码分为S、M、L、XL、XXL等，它们所代表的含义本身具有大小关系，可以直接编码为1、2、3、4、5等。

此外，机器学习和深度学习发展出了一系列编码方法，通过构建神经网络将数据映射为高维空间中的向量来表示特征。此类任务在神经网络学科中也称为表示学习（representative learning）。在自然语言处理领域，有一个专门的任务称为嵌入（embedding），目的就是将文本映射为高维空间中的向量。

特征编码有很多好处。首先是大幅减少了数据存储压力。其次是通过编码，将特征值从文本型（字符串）转换成了数值型，无论是标量还是向量，它们都可以用于运算、产生关系，这对挖掘数据中的信息具有很大的价值。

2.3.5 数据离散化

与特征编码相反的就是数据离散化。数据离散化是指将连续的数值型数据转换为离散型数据，并将数据划分成不同的区间，然后打上不同的标签。这在本质上是一个分级、分组的过程。

例如，图2-7是某班级某次考试的学生成绩单，通过对学生成绩进行离散化，将学生的成绩划分为不及格、及格、良好、优秀，就可以快速概括出班级的整体学生成绩情况。此外，相较于查看每一名学生的成绩，将学生成绩分组更容易比较班级与班级之间整体学生成绩的差异。

	成绩	等级
学生1	70	及格
学生2	95	优秀
学生3	55	不及格
学生4	65	优秀
学生5	85	良好
……		
学生40	90	优秀

等级	人数
不及格	3
及格	20
良好	10
优秀	7

图2-7 某班某次考试的学生成绩单

数据离散化的应用非常广泛，例如企业的财务数据通常会按照不同的时间粒度进行统计（比如按月统计、按季度统计），图像处理中经常用到的二值化处理，统计学中采用的四分位数，将驾照考试成绩分为通过和不通过，等等。

数据离散化利用了统计的技巧，为我们简化了数据，提高了计算效率。在本质上，数据离散化将数据层面的特征做了精炼和加强，是特征工程中的必要手段。

2.3.6 数据归一化和数据标准化

数据归一化（data normalization）和数据标准化（data standardization）是一组相当容易混淆的概念，它们是常用的数据预处理手段。

数据归一化是指通过对数据进行放缩，将它们固定在一定的范围内。数据归一化的目标是让不同类型的数据更加具有可比性，而不依赖数据本身所具有的单位，即"消除量纲"，使数据从有量纲变为无量纲。举个例子，假设两个样本都有5个特征（feature_1 ~ feature_5），而feature_5与前4个特征的取值范围存在明显的差异，这样的特征会对接下来的分析和模型训练造成很大的干扰。所以，我们需要通过数据归一化，将feature_5的尺度"拉"回来。

常见的数据归一化方法有以下两种。

- min-max归一化，计算方法见式2-2，目的是将数据放缩到0到1之间。

$$\text{Normalization} = \frac{x - \min(x)}{\max(x) - \min(x)} \tag{式2-2}$$

- mean-max归一化，计算方法见式2-3，目的是将数据放缩到-1到1之间。

$$\text{Normalization} = \frac{x - \text{mean}(x)}{\max(x) - \min(x)} \tag{式2-3}$$

数据标准化是指将服从正态分布的数据经平移和伸缩转为服从标准正态分布，计算方法见式2-4，其中μ表示均值，θ表示方差。

$$\text{Standardization} = \frac{x - \mu}{\theta} \tag{式2-4}$$

自然环境中的大多数统计数据呈正态分布，也可以通过中心极限定理将不知道数据分布的量用正态分布来估计，所以数据标准化的应用范围非常广泛。标准化后的数据的取值范围是由负无穷到正无穷，但根据统计学可知，在标准正态分布中，均值周围3个标准差的范围就能够覆盖绝大多数的数据。

一般的数据归一化和数据标准化是对数据进行线性变换，通常在数据量较小、分布较稳定的情况下选择数据归一化，而在数据量较大、噪声较多的情况下选择数据标准化。除了以上描述的好处，归一化和标准化后的数据在部分机器学习和深度学习模型的训练过程中，还可以提高模型在梯度下降过程中收敛的速度。

第3章
数据可视化

本章介绍数据可视化的相关知识，包括数据可视化的原则、常用的数据可视化图表，以及数据可视化在人工智能中的应用。

3.1 数据可视化基础

有科学家认为，人类之所以从爬行进化到直立行走，除了解放双手使用工具之外，就是人类可以通过站立来从更高的点进行观察，从而更早地发现远处的危险或资源。

利用视觉和听觉是人类获取信息的主要手段，而通过视觉获取信息比通过听觉获取信息更快。数据可视化就是利用人类的视觉系统来帮助我们高效地获取信息。

数据可视化有着悠久的历史，图3-1（a）所示的数据图表出现在公元900年前后的欧洲，这是一幅多线图；图3-1（b）所示的数据图表是我国北宋时期的一幅星象图，由苏颂绘制；图3-1（c）所示的数据图表是在大约200年前的苏格兰绘制出来的，所使用的绘制方法已经和我们现在使用的数据可视化方法非常接近了。

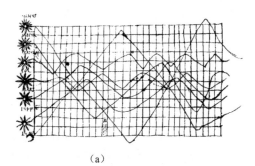

（a）

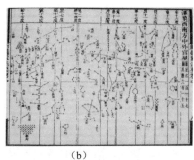

（b）

图3-1 人类历史上出现的3幅数据图表

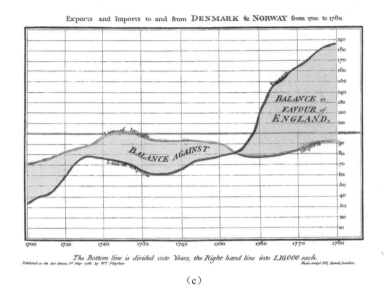

Exports and Imports to and from DENMARK & NORWAY from 1700 to 1780.

BALANCE in
FAVOUR of
ENGLAND.

Line of Imports

BALANCE AGAINST

Line of Exports

Imports

The Bottom line is divided into Years, the Right hand line into L10,000 each.

（c）

图3-1　人类历史上出现的3幅数据图表（续）

数据可视化是指把数据中包含的信息通过图表或图形的方式表现出来，以方便我们理解数据的内在含义。数据可视化的目的分为两大类：一类是帮助数据分析师理解数据，发现数据中的价值，辅助决策；另一类是帮助我们阐述一些观点或者佐证我们的观点。

我们再来从数据可视化的角度看一下数据的分类。数据通常可以分为离散型数据和连续型数据，连续型数据根据是否可以比较又分为可比数据和不可比数据。这两种数据分类方式对数据可视化的影响比较大。

连续型数据通常是数值型数据，比如身高和体重。连续型数据通常是可比数据。离散型数据主要包括分类数据，比如某人在上初中还是高中，是老人还是小孩，是男还是女。分类数据相互之间是不可以比较的，只有分组才有意义。

观察图3-2所示的样例数据表。这是一个关于汽车的参数和价格的图表，其中包含了多个离散型变量和连续型变量。红色框中的是车型（body-style）信息，其中包括轿车（sedan）、货车（wagon）等，这是一个离散型变量。除车型外，像车门数（num-of-doors）、驱动轮（drive-wheels）这样的特征都是离散型变量。绿色方框中的数据都是连续型变量，包括轴距（wheel-base）、车辆长度（length）和价格（price）。对于不同类型的数据，数据可视化的方式通常是不一样的，用到的图表类型也不一样。

	分类变量（离散型）			数值变量（连续型）		标签值（连续型）

num-of-doors	body-style	drive-wheels	engine-location	wheel-base	length	num-of-cylinders	price
two	convertible	rwd	front	88.	168.8	four	13495
two	convertible	rwd	front	88.	168.8	four	16500
two	hatchback	rwd	front	94.	171.2	six	16500
four	sedan	fwd	front	99.	176.6	four	13950
four	sedan	4wd	front	99.	176.6	five	17450
two	sedan	fwd	front	99.	177.3	five	15250
four	sedan	fwd	front	105.	192.7	five	17710
four	wagon	fwd	front	105.	192.7	five	18920
four	sedan	fwd	front	105.	192.7	five	23875
two	hatchback	4wd	front	99.	178.2	five	?
two	sedan	rwd	front	101.	176.8	four	16430
four	sedan	rwd	front	101.	176.8	four	16925
two	sedan	rwd	front	101.	176.8	six	20970
four	sedan	rwd	front	101.	176.8	six	21105
four	sedan	rwd	front	103.	189	six	24565
four	sedan	rwd	front	103.	189	six	30760
two	sedan	rwd	front	103.	193.8	six	41315

图3-2 样例数据表

虽然大部分连续型变量是可比较的，但也存在一些特例，比如RGB颜色数据。RGB颜色数据是由3个数字组成的一组数，其中的每一个数字代表一个色彩通道中的强度。虽然每一个色彩通道中的强度是可以比较的，但RGB颜色数据并没有通常意义上的这种可比较性。对于这个问题，不同的读者可能有不同的看法。不过，这个问题对我们进行数据可视化的影响并不大，所以这里不作深入讨论。

数据可视化可以分为呈现式数据可视化和交互式数据可视化，这是根据图表的形式来分类的。此外，我们还可以按照图表的维度，将数据可视化分为二维数据可视化、三维数据可视化和高维数据可视化。下面我们通过几个例子来讲解不同的数据可视化类型之间的区别。

图3-3是一个二维数据可视化的例子，它同时也是一个呈现式图表，因为这个图表本身是静态且不可操作的。这种图表十分常见，可以很容易地用Python或Excel绘制出来。

图3-4是Power BI的绘图界面，绘制了一个展示疾病和治疗方式之间关系的可交互图表，通过界面右侧的操作栏可以过滤图表中的一些边或节点。

除Power BI外，另一个比较常见的交互式图表工具是TensorBoard，它也是机器学习中十分常用的一种可视化工具。

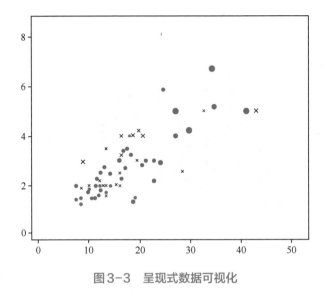

图3-3 呈现式数据可视化

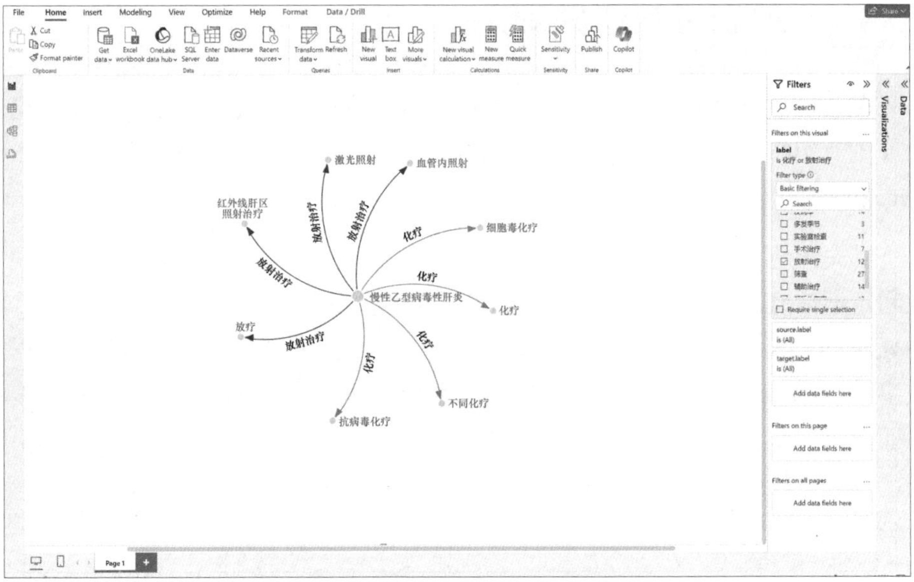

图3-4 Power BI数据图

图3-5是一个三维数据可视化的例子。这种图表其实也比较常见，但是我们通常不推荐大家使用这种可视化方式，因为这种图表通常无法完整地展示全部信息，图表靠后的信息会被遮挡，使得图表表达的信息不完整。

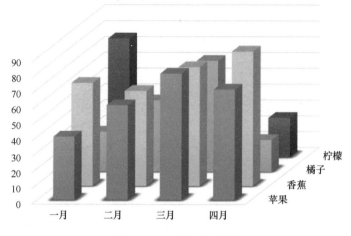

图3-5　三维数据可视化

3.2　数据可视化原则

在进行数据可视化时，遵循一些原则会让图表的表现力更强。数据可视化的原则有很多，这里介绍一种主流的数据可视化原则——塔夫特原则（Tufte's Principles）。

塔夫特是耶鲁大学的教授，也是信息设计行业的先驱，他喜欢研究数据视觉化和定量信息，他还写了很多与数据可视化相关的图书，如 *Visual Explanations: Images and Quantities, Evidence and Narrative*（《视觉解释：图像与数量，证据与叙事》）、*Envisioning Information*（《信息可视化》）和 *Beautiful Evidence*（《美丽的证据》）。本节接下来将要介绍的数据可视化原则就是从塔夫特的书中归纳出来的，包括让数据"说话"、尊重事实、适当标注、善用对比、内容重于形式、风格一致等。

3.2.1　让数据"说话"

数据可视化的第1条原则是让数据"说话"，意思就是在做数据可视化时应尽可能保留数据的信息。

在进行数据可视化时，很重要的一点就是尊重原始数据。在进行数据预处理时，也应该谨慎、客观，不能根据主观猜测来对信息进行补全或删除。观察图 3-6，这是一个关于电影流行度和票房之间关系的图表，其中的每个点代表一部电影。我们发现，大部分的点聚集在原点附近，但也有一些例外。以红圈中的点为例，这个点离其他的点都很远，但是，如果我们将它作为异常值删除，就会丢失一条非常重要的信息。事实上，红圈中的这个点代表的正是非常有名的一部电影——《阿凡达》，这是一部"现象级电影"，在进行影视作品分析时将它忽略会非常可惜。

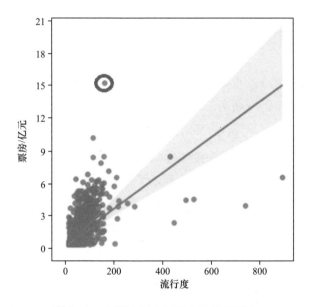

图 3-6　电影流行度和票房的关系图表

3.2.2　尊重事实

数据可视化的第 2 条原则是尊重事实，也就是说，我们应该绘制正确的图表，而不能刻意扭曲。

图 3-7 是某洗衣机的宣传图，其中展示了两个洗衣机的滚筒尺寸，从图中的数字可以看出，左侧滚筒的直径是 495mm，右侧滚筒的直径是 525mm，两者仅相差 30mm。但是从视觉效果上看，两者在大小上好像差了将近一倍。这种比例失调是为了突出产品的优势，但事实上，这种图表会扭曲客观事实。

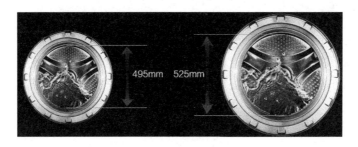

图3-7 某洗衣机宣传图

3.2.3 适当标注

数据可视化的第3条原则是适当标注，也就是说，必要的文本标注很重要，尤其是对于比较复杂的图表来说。

虽然数据可视化的主角是图表，但是良好的标注能极大地提升图表的可读性。图3-8是一个比较复杂的二维图表，它展示了4个维度的信息——除了BMI和医疗费用，还通过点的颜色和大小展示了是否吸烟和年龄的信息。如果图表中没有图注，我们就没办法理解图表的全部信息。因此，数据可视化虽然以图为主，但必要的图注或文本说明也不能少。在这个例子中，注意只添加必要的图注即可。

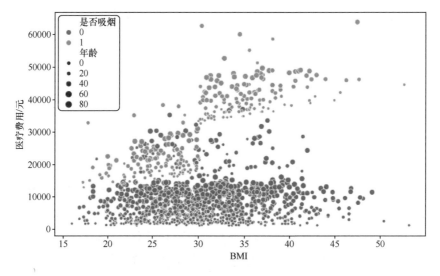

图3-8 医疗费用与人体特征的关系

3.2.4 善用对比

数据可视化的第4条原则是善用对比，也就是说，在进行数据可视化时，应充分利用对比的方法来展示数据之间的相对关系或者突出数据中的局部内容。

图3-9是各大洲人口分布图，展示了不同大洲的人口数量，并突出显示了亚洲——全球人口最多的大洲。这张图使用了两种对比方法。首先是颜色上的对比，亚洲用红色表示，这与表示其他大洲的灰色存在巨大的视觉差异，这样做强调了亚洲与其他大洲的差异。这种可视化对比有助于强化数据的关键信息，从而提高分析效率。此外，这张图还利用了条形图的高度差异，使得我们可以快速地对不同大洲的人口数量进行对比。例如，我们可以清楚地看到，亚洲的条形明显高于其他大洲，这凸显了亚洲的人口数量远远超过其他大洲。相反，大洋洲的条形最矮，这表明大洋洲的人口最少。

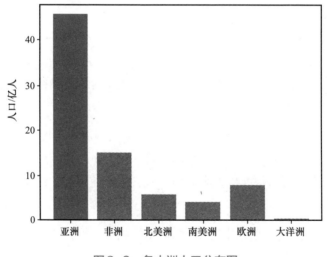

图3-9 各大洲人口分布图

3.2.5 内容重于形式

数据可视化的第5条原则是内容重于形式。塔夫特认为，图表的信息量是最重要的，一些没有信息量的图案被塔夫特称作"图表中的垃圾"（chart junk）。图3-10中的两个图展示的是完全相同的信息——不同食品的热量数据，左边的图明显更花哨一些，这些元素使得数据本身反而不那么明显，导致观众不太容易抓住重点。所以，塔夫特认为，应该尽可能简化图表中的无用元素，只保留重点信息。

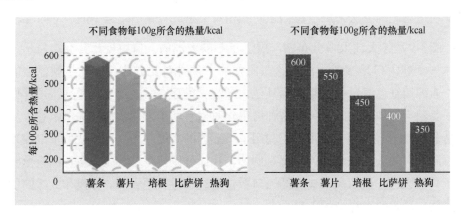

图3-10 食品热量图

3.2.6 风格一致

数据可视化的最后一条原则是风格一致，也就是说，当绘制多个图表时，应保持图表的风格一致。

在一份报告或一个实验中，我们通常不会只绘制一个图表。当绘制多个图表时，应注意保持不同图表之间风格的一致。比如，若使用红色代表股票价格上涨，就应该一直使用这种配色方案，而不应交替地使用红色和绿色，这会增加图表的理解成本。

此外，如果多个图表使用了相同的数据，则最好保持比例尺一致，尤其是在对多个图表进行对比时。

3.3 常用的数据可视化图表

常用的数据可视化图表分为4类：单变量图表、多变量图表、复合图表和高维数据可视化图表。

3.3.1　单变量图表

单变量图表通常用来展示某个变量的分布情况。例如，人口的年龄分布就是对年龄这个单变量的分析。单变量图表中比较常用的是直方图、KDE图、箱形图、小提琴图和饼图。

1. 直方图

直方图是一种对区间内数据进行频次信息展示的图表。直方图中的每一个矩形代表参数在这个区间内出现的频次。图3-11是一个关于花瓣长度的直方图，从中我们可以得到这样的信息：花瓣长度为1～2cm的样本约为50个，花瓣长度为2～3cm的样本约为5个，花瓣长度为3～4cm的样本约为35个，花瓣长度为4～5cm的样本约为45个，花瓣长度为5～6cm的样本约为15个。

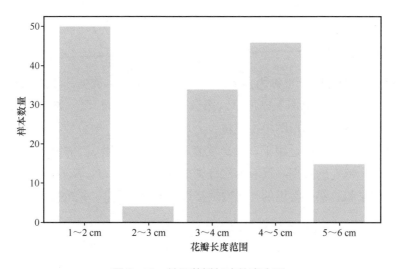

图3-11　关于花瓣长度的直方图

2. KDE图

KDE（Kernal Density Estimation，核密度估计）图用于展示一维特征的分布信息，但与直方图不同，KDE图是一条平滑的曲线，这条曲线的平滑程度可以通过参数进行调节，如图3-12所示。另外，由于是连续曲线，绘制KDE图不需要对特征空间进行分段。

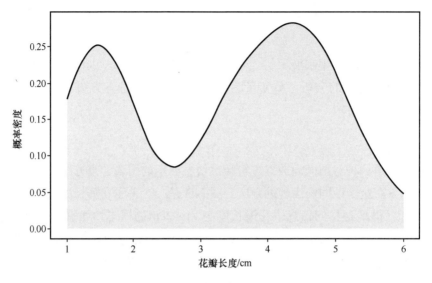

图3-12 关于花瓣长度的KDE图

3. 箱形图

箱形图（box plot）也称为盒形图，是一种用来显示数据分散情况的统计图，因形如箱子而得名，如图3-13所示。箱形图的应用十分广泛，常见于品质管理、快速识别异常值等。箱形图中主要包含上/下四分位数、中位数、上/下限和异常值等信息。箱形图不仅适用于查看异常值，也适用于数据之间的比较。但是箱形图只显示几个特定的数据，没有办法完整展示数据的分布。需要注意的是，虽然箱形图看起来和股票中常用的K线图很接近，但它们是不一样的。

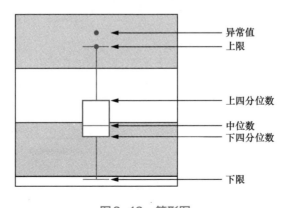

图3-13 箱形图

4. 小提琴图

小提琴图和箱形图比较接近，但是小提琴图还包含了纵向的KDE曲线来展示特征的分布，如图3-14所示。现实中使用小提琴图的情况较少，主要原因在于小提琴图包含了太多的信息，比较复杂，非专业人士很难快速理解。

5. 饼图

饼图常用来展示分类数据的占比情况。使用饼图时需要注意，人眼对相近的面积大小并不特别敏感。观察图3-15所示的饼图，5个色块的面积排序并不太容易确定，其中绿色和橙色的面积看起来差不多，如果换成柱状图，排序就容易多了。一般来说，应使用柱状图替代饼图。但是有一种情况例外，即当需要强调某一特定类别的占比时，饼图是最好的选择。

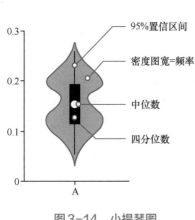

图3-14　小提琴图

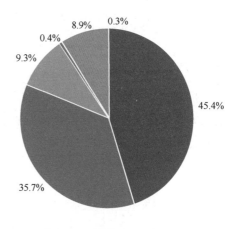

图3-15　饼图

3.3.2 多变量图表

多变量图表常用来展示不同特征之间的关系。常见的多变量图表有条形图、散点图和折线图。

1. 条形图

从条形图的名字就可以看出来，使用矩形绘制的图表都可以称为条形图。前面介绍的直方图其实也是一种条形图。图3-16是一个离散型变量的直方图，其中的纵轴是各类样本出现的频次。

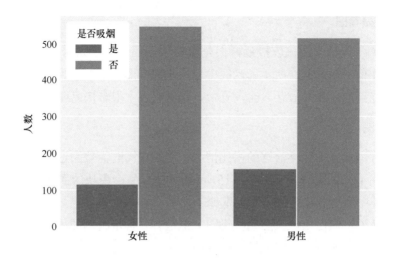

图3-16　离散型变量的直方图

图3-17所示的条形图展示了两个特征之间的关系，其中横轴表示家庭中孩子的数量，纵轴表示家庭开销。从这个条形图中我们发现一个有趣的现象，有5个孩子的家庭，开销反而最少。观察图3-17，你有没有注意到条形上面的竖线？这里的竖线是误差棒，误差棒常用于表示数据的标准差，这里表示该类家庭中各家庭的开销差异。

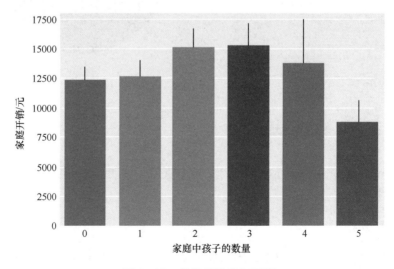

图3-17　带误差棒的条形图

2. 散点图

散点图是一种十分常用的图表，可以很好地可视化两个连续型变量之间的关系，从而发现某种相关性，如图3-18所示。此外，散点图对于查找异常值或理解数据分布也很有效。如果一个散点图没有显示变量之间的任何关系，则说明散点图不是可视化这些数据的最佳选择。

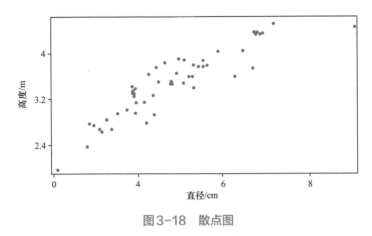

图3-18 散点图

大部分的二维图表可以通过颜色等方式引入新的分类特征。图3-19是一个散点图的例子，它除了展示横轴的BMI信息和纵轴的医疗费用信息，还通过点的颜色和大小展示了是否吸烟和年龄两个分类信息。这种高维信息展示方式有一些限制，但是如果应用得当，效果也很不错。

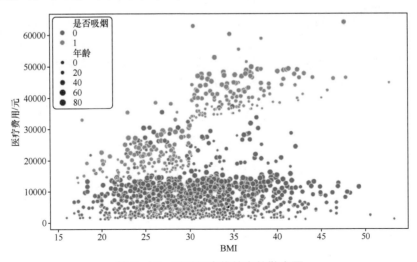

图3-19 展示了多维信息的散点图

3. 折线图

折线图主要用来展示某一维数据随着另一维数据的变化情况。折线图的横轴通常是连续型数据，最常见的是时间。图3-20所示的折线图展示了野生动物的数量随着时间变化的信息。折线图除了展示数据的变化趋势，还可以用来对比不同的数据序列。图3-20所示的折线图就十分清晰地比较了3种野生动物的数量变化情况。

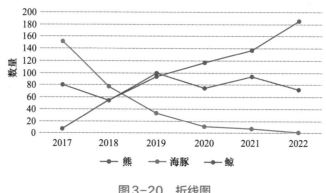

图3-20　折线图

折线图将两个数据点用直线连接起来，有时为了追求美观或达到特定的展示目标，还可以使用曲线来连接数据点，这种折线图叫曲线图或样条图。曲线图的用法和折线图是相同的，只是绘制出来的图形是曲线。

3.3.3　复合图表

复合图表由多个图表组合而成。常见的复合图表是单变量图表和多变量图表的组合。复合图表有时候能展示更多的信息，是一种常见的数据可视化手段。

图3-21所示的复合图表由直方图和KDE图组合而成，其中，我们既可以看到每一个区间内样本的频次，也可以看到样本的变化趋势。

图3-22所示的复合图表由一个二维图表和两个一维图表组成，它的中间部分是一个二维的KDE图，它的上侧和右侧分别是横轴和纵轴特征的一维KDE图。不过，这些都可以根据需求进行替换。Python库seaborn提供了一个单独的函数jointplot()来专门绘制复合图表。

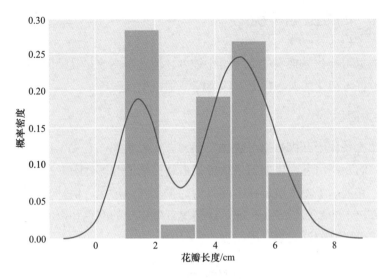

图3-21　直方图和KDE图的复合图表

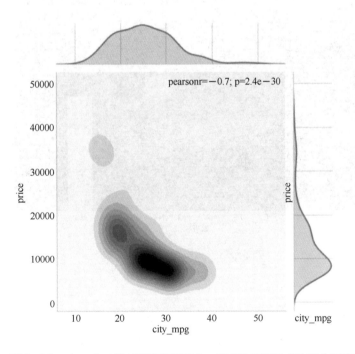

图3-22　由一个二维KDE图和两个一维KDE图组成的复合图表

3.3.4 高维数据可视化

高维数据可视化在现实中使用得比较少，但这种图表是其他图表所无法代替的。高维数据可视化的典型代表有热力图、平行坐标图等。

1. 热力图

热力图主要用于三维数据可视化。热力图比较常用，它可以很好地表示与地理位置相关的一些信息，比如天气预报或道路拥堵情况等。图3-23是航班晚点情况热力图，它展示了多个航班在不同月份的平均晚点情况。横轴是航班号，纵轴是月份，方块中的数值代表飞机的延误情况。方框中的颜色和数值是相关的，颜色越浅，代表飞机的延误情况越严重。

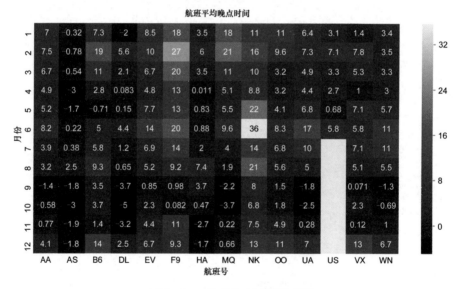

图3-23 航班晚点情况热力图

2. 平行坐标图

平行坐标图可以可视化任意多的特征，特征都罗列在横轴上，纵轴代表每一个特征的取值。需要注意的是，每一个特征的取值范围是不同的，比如年龄的取值范围是 0 ～ 100，但性别只有男和女。

在图3-24所示的平行坐标图中，每一个样本就是一条折线，这条折线连接了这个样本的所有特征，比如10岁、亚洲人、男性等，每条折线的颜色则表示另一个特征。通常来说，颜色所代表的特征会受其他特征的影响。平行坐标图通常看起来比较乱，所以平行坐标图一般用于数据探索而不用于数据展示。

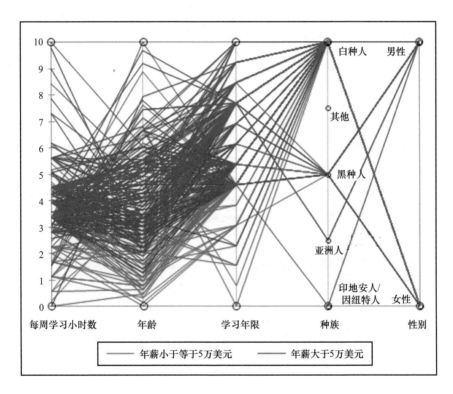

图3-24　平行坐标图

3. 图表矩形

我们还可以使用图表矩阵来进行高维数据的可视化。图表矩阵其实是通过一组二维数据的可视化来展示三维数据。这种方式非常简单且有效，常用于数据探索。图3-25是一个利用图表矩阵进行数据可视化的例子。

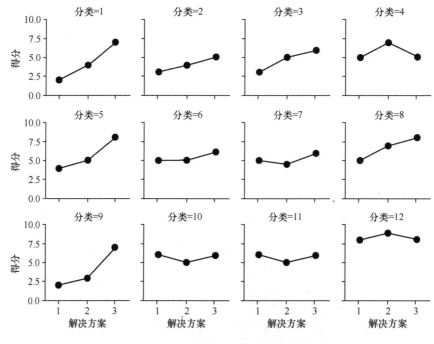

图3-25　利用图表矩阵进行数据可视化

3.3.5　可视化图表的选择

介绍了这么多不同的数据可视化图表，实际使用的时候该如何选择呢？首先，图表的选择要靠经验和数据特征来进行，表3-1所示的图表选择速查表可以帮助你根据数据特征快速定位合适的图表。

表3-1　图表选择速查表

		变量1	
		连续型变量	离散型变量
变量2与变量1相关	连续型变量	折线图	条形图
	离散型变量	条形图	条形图
变量2与变量1无关	连续型变量	点图	—
	离散型变量	—	表格、热力图

表3-1根据变量1和变量2的类型以及变量1和变量2之间是否相关来快速选择可用的图表。举个例子，如果自变量1是一个离散型变量，变量2也是一个离

散型变量，而且变量1和变量2之间是没有关系的，那我们就可以使用表格或者热力图来进行数据可视化；如果变量1和变量2都是连续型变量，而且它们之间是相关的，那这个时候我们就可以使用折线图来进行数据可视化。

3.4　数据可视化与人工智能

这是一本讲解人工智能的书，为什么还要介绍数据可视化呢？事实上，数据可视化不仅是数据分析的基础，它在人工智能中也起着非常重要的作用。下面我们就来看一下数据可视化在人工智能中可以用来做些什么。

3.4.1　数据分析与模型选择

首先，我们可以使用数据可视化来对训练数据进行分析。通过对训练数据进行分析，我们可以更好地认识训练数据的特征和分布，并以此来选择合适的机器学习模型。下面来看两个例子。

第一个例子是聚类模型的选择。如果你还不知道什么是聚类模型，请不要紧张，因为6.2节就会介绍相关知识。图3-26展示了不同聚类算法在不同数据集上的效果，其中的每一列代表一种聚类算法，每一行代表一个数据集。

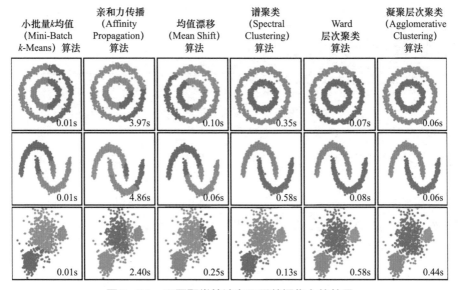

图3-26　不同聚类算法在不同数据集上的效果

可以看到，相同的数据在使用不同的聚类算法时，得到的结果也是不一样的。以第一行为例，对于这种环形的数据分布，通常我们希望把它们分成两类——内侧圆环和外侧圆环，这和大家的主观认知是一致的。但是，在这6种聚类算法中，只有第4种和第6种实现了正确的聚类，另外4种的结果则和我们的预期有一些出入。这说明不同的数据所适用的机器学习算法是不同的。通过分析训练数据的特征，我们可以选择最适合的模型，从而提高整体效果。

下面是另一个例子。观察图3-27左侧的4组数据，这4组数据也称为安库姆斯四重奏，非常有名。这4组数据的特点是，它们的统计特征是相同的，也就是说，它们的均值和方差都是相同的。但是通过数据可视化可以发现，这4组数据的区别非常大，每一组数据都有自己的特点。如果我们的任务是对数据进行拟合，则不同的数据所适用的模型也是不同的，比如第1组和第3组数据就比较适合使用线性回归，第2组数据则适合使用多项式回归来进行拟合。这也说明了数据可视化对模型选择的重要性。

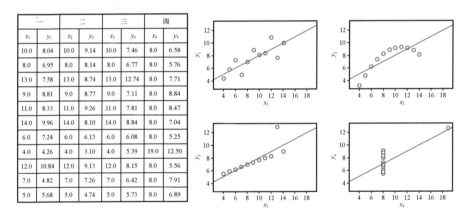

一		二		三		四	
x_1	y_1	x_2	y_2	x_3	y_3	x_4	y_4
10.0	8.04	10.0	9.14	10.0	7.46	8.0	6.58
8.0	6.95	8.0	8.14	8.0	6.77	8.0	5.76
13.0	7.58	13.0	8.74	13.0	12.74	8.0	7.71
9.0	8.81	9.0	8.77	9.0	7.11	8.0	8.84
11.0	8.33	11.0	9.26	11.0	7.81	8.0	8.47
14.0	9.96	14.0	8.10	14.0	8.84	8.0	7.04
6.0	7.24	6.0	6.13	6.0	6.08	8.0	5.25
4.0	4.26	4.0	3.10	4.0	5.39	19.0	12.50
12.0	10.84	12.0	9.13	12.0	8.15	8.0	5.56
7.0	4.82	7.0	7.26	7.0	6.42	8.0	7.91
5.0	5.68	5.0	4.74	5.0	5.73	8.0	6.89

图3-27 安库姆斯四重奏

3.4.2 模型跟踪

数据可视化的另一个应用是模型跟踪。我们既可以通过数据可视化来跟踪模型训练过程中的指标变化情况，也可以在进行参数搜索的时候对指标和参数之间的关系进行可视化。

图3-28展示了训练时长和模型损失值之间的关系。损失值可以简单理解为

模型准确度的倒数，也就是说，模型的准确度越高，损失值就越小。观察图3-28可以发现，模型在训练一段时间后，损失值趋于稳定。也就是说，模型的准确度不再继续提升，继续训练的意义不大，所以为了节省计算资源，可以提前终止训练。除了用于提前终止训练，通过对模型的损失值或准确度进行可视化，我们还可以发现模型的一些其他问题。

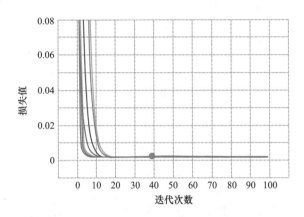

图3-28　模型训练过程中的损失函数

图3-29是一个用于超参数选择的平行坐标图。在训练机器学习模型时，有些参数需要手动设定，这些参数被称为超参数。超参数的设定对模型是有影响的，如何选择超参数呢？通常我们会对超参数逐个进行尝试，然后选择效果最好的组合。但是，如果模型有多个超参数的话，这种对比就会比较复杂。平行坐

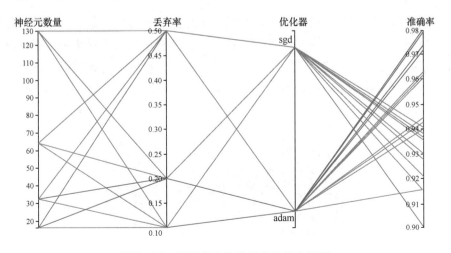

图3-29　用于超参数选择的平行坐标图

标图可以帮助我们很好地解决这个问题，平行坐标图中的每一条线代表一次实验，线的颜色代表模型的性能，我们可以通过平行坐标图找出最适合超参数的一组值。

除了跟踪模型指标，数据可视化也可以用来跟踪模型的一些权重或输出。在对模型进行训练时，很容易出现梯度消失或梯度爆炸的问题，通过对模型每一层的分布进行可视化，我们可以尽早地发现这些问题，及时对模型进行调整。

图3-30展示了对深度神经网络每层激活值的分布进行可视化的效果。从中可以看出，模型的输出在逐层减小——从第一层的-1~1到最后一层的-0.0001~0.0001，这说明模型是有问题的。

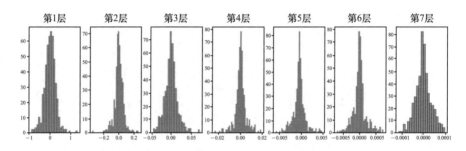

图3-30 深度神经网络每层激活值的分布图

3.4.3 模型理解

深度学习模型是不可解释的，它是一个黑盒。学者们一直在尝试解释深度学习模型，理解其工作原理。其中一种方式就是使用数据可视化来理解深度学习模型的具体行为。使用数据可视化对模型进行分析的历史比较久，著名论文"ImageNet Classification with Deep Convolutional"中就包含了卷积核的可视化图，见图3-31。

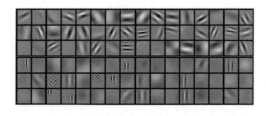

图3-31 卷积核的可视化图

类似的研究在自然语言处理领域也有，比如使用可视化方式来理解文本的编码，也就是我们所说的embedding。

在对文本的编码进行可视化之后，人们发现了一些非常有意思的性质。如图3-32所示，Microsoft（微软）这个词的编码附近的词有Windows、software等，这些都是和微软相关的一些实体，比如Windows（系统）是微软的产品，software（即软件）是微软的主营业务。

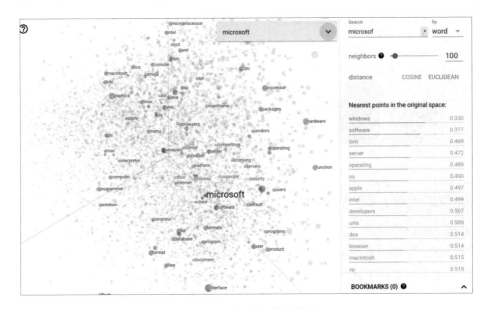

图3-32　词嵌入的可视化

数据可视化在深度学习领域有非常多的应用，这里只是举了几个例子。由于本书还没有介绍深度学习的相关知识，读者对这几个例子可能没有完全理解，不过这没关系。读者现在只需要知道数据可视化在机器学习领域有非常多的应用就可以了，后续章节会详细讨论。

3.5 数据可视化与道德的关系

最后，我们来讨论一个有趣的话题——数据可视化与道德的关系。数据会撒谎吗？数据的客观性和可视化的客观性是一回事吗？

可视化是有导向性的，而数据的筛选和呈现方式也是一种"霸权"，比如

图3-7所示的洗衣机滚筒的例子。下面我们来看一个更极端的例子。

观察图3-33中的两个图,它们使用完全相同的数据,并且绘图过程也是完全符合标准的,没有任何问题。左侧图和右侧图的差异在于纵坐标的范围。左侧图把纵坐标的范围设为40～70,而右侧图把纵坐标的范围设为0～70。这两个图表都是正确的,但是左侧图看起来增长率要比右侧图高一些,这具有一定的误导性。

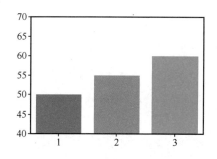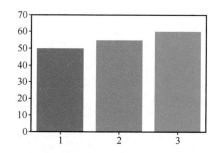

图3-33 相同数据的两种可视化图

所以,在进行数据展示的时候,应尽可能把真实情况呈现给观众,而不是利用各种手段误导观众。数据可视化是一项非常重要的技能,它在机器学习中也有非常广泛的应用。掌握了数据可视化,我们的数据分析和机器学习工具箱中就多了一个非常有用的工具。

第4章
机器学习基础

本章将介绍机器学习相关的一些基础知识，比如什么是机器学习，什么是模型，机器学习模型的分类和应用，以及模型的生命周期等。

4.1 机器学习基本概念

4.1.1 机器学习的定义

首先，我们需要了解什么是机器学习。从字面上来理解，机器学习就是让机器学会学习。这是对机器学习最直观的一种解读。

机器学习也可以用比较形式化的语言来描述，机器学习实际上赋予了计算机一种能力，使得计算机可以在无须显性编程的情况下工作并完成任务。

计算机怎么才能够在没有程序指令显性指导的情况下执行操作和完成任务呢？这要靠计算机程序的自我学习能力。也就是说，计算机程序能够根据某些任务的经验进行学习。学习的结果是自动将这些经验提取出来，用于处理新的同类型任务。

计算机程序不仅能处理任务，还能将任务处理得足够好，使得处理结果达到特定的度量。这里的度量可以简单理解为我们设置的一些性能指标。我们为这些性能指标的统计结果设定了合格阈值。

一个足够好的机器学习结果要能够让计算机在处理某种类型的任务时不需要针对每个任务专门编程，而是使用一个从以往任务经验中提取出的通用方法来统一处理此类型的新任务，并且处理结果不低于我们设置的性能指标的合格阈值。

举个例子，假设一家企业在招聘的时候就要给即将入职的员工设定工资，目前这项工作是由HR（Human Resources，人力资源）人员完成的。

如果要让计算机来完成这项工作，应该怎么办呢？如果是显性编程，那么这家企业可能就要公开地设置一系列规则，比如先根据工种、学历设置起薪，某岗位本科学历起薪1万元、研究生学历起薪1.2万元，然后根据工作年限设置薪资涨幅，工作年限每多一年薪资增加500元。企业根据薪资的规则编写一个程序，然后输入每一位新员工的相应信息进行处理，设定其工资。

如果使用机器学习，情况就不是这样了，而是要写一个程序去处理企业之前招聘进来的所有员工的各种信息和他们入职时的起薪，让程序自动挖掘其中的规律，然后利用这些规律处理新员工的信息。这些被挖掘出来的规律都是程序根据既往经验获得的，而不是人为规定的。

4.1.2　机器学习和人工智能的关系

机器学习和人工智能是什么样的关系呢？观察图4-1。

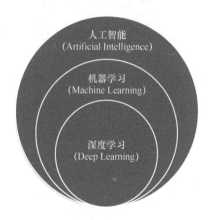

图4-1　机器学习和人工智能的关系

可以看到，范畴最大的是人工智能。当我们提到人工智能的时候，其中包括各种各样的技术。机器学习是人工智能的一个子集，而机器学习中又包含深度学习。通常我们说机器学习的时候，深度学习也包含在其中。

当然，后面在讲到模型的时候，我们会把基于统计学习方法的模型及算法与属于深度学习的神经网络分开，届时的机器学习将用来指代深度学习以外的机器学习。

4.1.3 监督学习和无监督学习

谈到机器学习，有两个概念必然会被提到：一个是监督学习，另一个是无监督学习。

监督学习和无监督学习有什么区别呢？前面讲过，机器学习是对既往的经验进行学习，从而获得处理任务的方法。简单而言，监督学习是从有正确答案的经验中进行学习。举个例子，语音识别是通过训练获得语音和文字的匹配规律，它就是典型的监督学习。每一段语音都有与之对应的文字作为标准答案。当我们训练计算机去识别语音的时候，除了给计算机输入很多的语音文件，还必须输入每段语音对应的文字到底是什么。如果是中文，那就是汉字和词语；如果是英文，那就是字母和单词。如果只给计算机输入一大堆音频文件，让计算机自己去"听"，计算机就不可能将它们转成文字。计算机连语音对应什么正确答案都不知道，怎么可能学会其中的转换呢？这就是典型的监督学习。

无监督学习和监督学习是相对的。也就是说，无监督学习总结的经验是没有正确答案的。无监督学习要去主动发现输入材料中的规律。为什么不告诉计算机正确答案呢？原因有多种，有时可能是因为连使用无监督学习的人自己也不知道正确答案是什么，还有时是因为系统能够通过机器学习的手段发现数据的特征，等等。

下面我们来分别看看监督学习和无监督学习的典型任务，这样对它们的理解就会清晰许多。

1. 监督学习的典型任务

（1）分类

监督学习最为基础的一种任务叫分类，就是首先人为设定一些类型，然后由计算机根据事物的特征，给它们分别打上不同的分类标签。

为什么分类是监督学习呢？这是因为有什么类型，以及什么样的事物属于什么类型，都是事先定义好的，然后才有分类这件事情出现。也就是说，在分类的时候，一个要被分类的事物到底属于什么类型，是有正确答案的。

下面我们用形式化的语言来描述。我们可以把分类过程看作一个函数 $f(x)$，被分类的事物是自变量 x，而最终分辨出来的类别是因变量 y，把 x 输入 $f(x)$ 得到的结果是y，此处的y是一个离散值。所谓的离散值，就是可以一一列举的孤立点的集合，比如计算机编程中的枚举值，就是一种典型的离散值。

（2）回归

和离散值相对的是连续值，连续值就是在一定区间内可以任意取的值。比如（0，10000）区间内的实数，连续值既可以是1，也可以是100，还可以是3.14，甚至可以是$\sqrt{2}$、23548.6799302，等等。

如果函数$f(x)$对输入的自变量x进行处理后输出的结果y是一个连续值，那么它就是一个连续函数。如果一个监督学习任务可以被形式化地描述为一个连续函数，那么它就是一个回归任务。

我们前面举的预测新员工入职工资的例子，就是一个典型的回归任务，因为工资可以是整数，也可以是小数。虽然工资一般取整数，但预测结果本身不受限，最终四舍五入就可以了。

与分类任务一致的是，回归任务所依据的经验也是有正确答案的。要预测新入职员工的工资，就需要知道老员工的工资分别是多少，否则没法学习。

（3）序列预测

序列预测有点像多个分类任务的组合。序列预测对一个输入串里不同位置的信息分别进行分类，可能每一处分类的内容都不一样。不过一般来讲，相邻输入的预测值是相关的。

比如我们刚才提到的语音识别，一句话的每一个语音都需要对应一个字。这个字，不管是中文有5万个候选汉字，还是英文有几十万个候选单词，都是有数的，是一定量之内的孤点集合，再多也是离散值。而对于音节来说，则是分类问题。一段语音，需要对连续的多个音节依次进行分类，这就叫序列预测。

序列预测的使用范围很广，除了语音识别，词性标注、实体抽取等也都属于序列预测。

2. 无监督学习的典型任务

（1）聚类

无监督学习任务中最典型的就是聚类。在聚类任务中，我们要处理很多的事物，但我们不会给它们刻意打上人为定义的标签，而是让无监督学习算法去自动发现这些事物到底可以归到多少个不同的簇中。

下面我们用一个直观但不太严谨的例子来比较一下分类和聚类。以学校新生入学为例，如果老师要求新生按照分好的班，每个班的学生站在一起，那么每个学生就像被打上了一个标签，这就是分类。而如果老师不管，任由学生在操场上随意聚集，则学生可能聚成2堆、10堆、24堆或更多堆，每一堆凑在一起的学生自然有凑在一起的原因，这个原因是什么以及最后导致的堆数和每堆有多少学生都是自发形成的，并没有外界标准强行界定，这就是聚类。

（2）降维

另一种典型的无监督学习任务是降维。降维用来做什么呢？因为计算机只能处理数字，所以实际上任何事物在用计算机处理前都需要先转为数字。在机器学习领域，我们一般用向量来表示事物。向量是有维度的，比如2维、3维、75维、512维等。

当一个向量的维度太高时，处理起来就会很不方便，不仅消耗的算力大，最终的处理效果也不好。这时候，我们往往需要减少这个向量的维度。减少一个向量的维度就叫降维。

3. 监督学习和无监督学习的区别

从执行的角度来看，监督学习和无监督学习最不一样的地方在于，监督学习需要标注数据，所有用来学习的数据都必须人为地标注一系列的标签，而无监督学习则不需要这样做。

不需要标注极大地节省了人力。因此，无监督学习对人力的需求相较于监督学习低了很多。虽然无监督学习能节省大量人力，但是从工程实践的角度来讲，监督学习仍然是主流，这是因为监督学习的典型任务在我们的日常生活中十分常见。

4.1.4 模型、数据和算法

我们再来看另外3个概念：模型、数据和算法。这3个词大家应该都听过，但它们的含义究竟是什么？相互之间又有什么样的关系呢？

1. 数据

数据是通过观测得到的数字性的特征或信息。换句话说，数据就是对某一事物定性或定量的一组数字。

从广义上来讲，万事万物都可以是数据。要让代表事物的数据可以被计算机处理，就要先将它们数字化，将其转化为Excel中的行、数据库中的记录，或者文字、图片、视频、音频等。这些数字化的数据，我们称之为原始数据或源数据。当使用机器学习真正去处理它们的时候，需要将原始数据处理成一个个向量。

2. 算法

什么是算法呢？

首先，我们需要说明一点，"算法"这个词比较容易引起误会，因为在不同的场景下，"算法"指向的内容有所不同。

我们先看广义上的算法。笼统而言，一系列有组织的能够产生结果的步骤，都可以称为算法。我们可以把算法理解为一些确定的执行步骤。

以炒菜为例，假设我们要做一道西红柿炒鸡蛋。第1步打鸡蛋，第2步切西红柿，第3步炒鸡蛋和西红柿，第4步盛出来。经过这4步，我们从菜市场或超市买来的食物材料就成了一道菜。

以上的炒菜方法，如果我们把每一步都非常明确地指令化，那么该方法就可以被当成一个广义的算法——西红柿炒鸡蛋的算法。

具体到计算机领域，一个算法也是由一系列指令组成的，只不过这里的指令必须是计算机可执行的指令。计算机能执行什么指令呢？答案就是数据的传输、存储、计算指令。所以，计算机领域的"算法"的含义，比广义上的"算法"的含义小得多。

但是，当我们在计算机领域提到算法的时候，大多数情况下说的是基础算法或者叫经典算法。这些算法包括什么呢？具体包括查找算法、排序算法、树和图的遍历等，也就是大部分大学的计算机专业会在数据结构这门课里教授的算法。这些算法在整个计算机的发展史上已经被验证为有用、有效且高效的了。

计算机在执行任务的过程中，会反复执行一些非常典型的任务，如查找、排序、以树或图的结构来存储信息并在其中进行搜索等。以上是在进行计算机程序设计时经常要完成的任务，针对这些典型的任务，前人已经对这些任务的运行步骤进行了非常多的人工优化，形成了一系列高效能的算法。这些算法就属于经典算法。

而在AI领域，当我们说到算法的时候，算法的含义相较于经典算法则有所不同。大多数情况下，AI领域的算法指的是模型训练程序的逻辑。

也就是说，AI领域的算法在用编程语言写出来之后，就是用来训练模型的程序。当然，在少部分的情况下，人工智能中的算法也有可能指的是对模型的目标函数进行最优化的最优化算法，比如梯度下降算法、Adam算法等。有时候，最优化算法可以简称算法。

AI领域的算法到底指模型训练的逻辑还是最优化算法，需要根据具体的上下文而定。

3. 模型

AI领域的算法都离不开模型，那么模型又是什么呢？

从直观上来讲，我们可以把AI模型理解为一个由程序自动生成的程序。当然，严格来讲，AI模型并不是程序，而是一些数据。但在正式地学习具体的模型之前，这有一点不太好理解，所以我们先借用了"程序"这个概念，这是为了方便大家理解。等到后面深入学习后，我们再去理解更严谨的概念。

我们暂且将AI模型当作一个程序，只不过它不是由人直接编写出来的，而是由人编写的程序通过处理数据生成的。

模型有什么用呢？模型具备一种判断能力。当我们把新的数据输入模型时，模型就可以得出结果。如果它是一个分类模型，结果就是一个类别；如果它是一个回归模型，结果就是一个数值；如果它是一个序列预测模型，结果就是一系列的标签。

模型处理数据得出结果的过程，叫作预测。但是，当我们说到神经网络的时候，预测也被称作推理。

模型和程序都可以处理数据，那么它们之间有什么区别呢？首先，程序是静态的，也是确定性的，是一系列人工指令的集合。除非有人去改写它，否则程序自己是不会改变的。但是模型就不一样了，模型具备自适应性。用同样的一个训练程序来处理数据，处理10万条数据以后得出的模型是一个样子，再继续处理

10万条数据，一共处理20万条数据之后，模型可能就变了。模型的内部逻辑有可能发生变化，这是因为模型在很多时候类似于函数，而函数的参数是可以通过训练来获得的。在这种情况下，训练的迭代次数不同，或者输入的数据不同，得出来的模型的参数就有可能不同。

其次，程序是用来执行的，在执行的过程中必然需要处理数据。模型固然也要处理数据，但模型本身是通过训练获得的，最终要用来进行预测或推理。

4. 数据、算法和模型之间的关系

算法是训练模型的程序的逻辑。所谓的实现算法，也就是用编程语言把算法逻辑编写成一行行代码，形成一段程序。这段程序一旦运行起来，就会去处理数据。

程序运行起来，处理完数据后，就会得到一个结果，这个结果就是模型。

算法所实现的程序处理数据的过程，也就是进行学习的过程，我们将其称作训练。模型是通过训练得到的。

4.2 认识机器学习的经典模型及其应用方法

4.2.1 经典模型概览

下面简单介绍监督学习任务、无监督学习任务和多任务都有哪些经典模型。至于这些模型的原理，我们将在第5章和第6章进行详细讲解。

1. 监督学习模型

我们先来看看最常见的分类任务都有哪些对应的模型。用于分类任务的模型其实有很多，比如逻辑回归、朴素贝叶斯分类器、支持向量机等，这些都是既简单又常用的分类模型。

逻辑回归虽然名字中包含"回归"二字，但它的输出值却是介于0和1之间的连续值，并且在实践中也确实被用来完成分类任务。

在完成回归任务的模型中，有一个非常简单直接的模型，它就是线性回归模型。只要是学习机器学习，必然一开始就需要掌握线性回归模型，它被称为机器学习领域的"Hello World"。还有一个回归模型叫作支持向量回归模型，它和支

持向量机的原理非常类似，只不过支持向量机用来完成分类任务，支持向量回归模型用来完成回归任务。

在完成序列预测任务的模型中，最主要的有两个：一个叫作隐马尔可夫模型，另一个叫作条件随机场。隐马尔可夫模型可以根据序列数据的观察值推测其隐藏的状态序列，适用于预测具有隐含状态的序列数据，如语音识别、基因序列分析、手写识别等。条件随机场是一种用于建模序列数据的判别式概率图模型，旨在克服传统生成式模型（如隐马尔可夫模型）的局限性，适用于序列标注任务，如词性判断、实体抽取、中文分词等。即使在深度学习时代可以用很多神经网络来完成类似的任务，但很多时候仍需要将条件随机场和神经网络结合起来使用。

2. 无监督学习算法

在无监督学习中，很多具体的方法不适合被称为模型，更适合被称为算法。最主要的无监督学习算法就是聚类算法。在聚类算法中，最常用的是 k 均值（k-means）算法。除此之外，谱聚类算法也很常见。

至于降维，最常用的一种技术叫作主成分分析（Principal Component Analysis，PCA）。因子分析也比较常用，这是一种比较传统的统计学手段，简单说，就是找到事物共性的因子，将其抽取出来。虽然是统计学方法，但因子分析也可以用来完成降维任务。

3. 多任务模型

是不是一个模型就只能完成一种任务呢？答案是否定的。有些模型可以完成多种多样的任务。例如 KNN（k-Nearest Neighbor，k 近邻）、决策树、神经网络等，它们都是多任务模型。KNN 和决策树既可以完成分类任务，也可以完成回归任务。神经网络的用途就更广了，神经网络基本上可以完成所有的任务。

在这里，比记住这些模型更重要的是，大家要建立一个观念：模型和任务并不是一一对应的，一种任务可以用多个模型来完成，而一个模型也有可能完成不同种类的任务。具体哪个模型完成什么样的任务，则与模型的训练及使用有关。

4.2.2　模型的难易度曲线

模型（或算法）之间有没有难易之分呢？当然有，我们大致可以用一条 S 形曲线来描述掌握这些模型（或算法）的难度，如图4-2所示，其中纵轴表示学习难度，横轴表示建议的学习顺序。

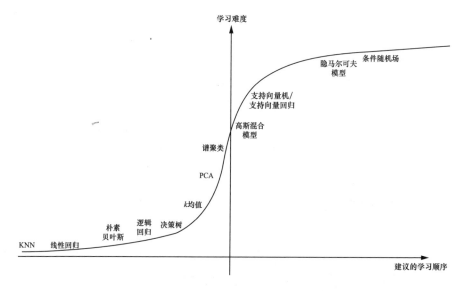

图4-2 代表模型难易程度的S形曲线

KNN和线性回归属于非常简单的模型，它们本身的数学原理非常直接，学习难度比较低。朴素贝叶斯稍微复杂一点，逻辑回归（Logistic Regression，LR）、决策树（Decision Tree，DT）、k均值的难度则逐步增加，接下来是PCA、谱聚类，以及高斯混合模型（Gaussian Mixture Model，GMM）、支持向量机（Support Vector Machine，SVM）和支持向量回归（Support Vector Regression，SVR），最后是隐马尔可夫模型（Hidden Markov Model，HMM）和条件随机场（Conditional Random Field，CRF）。HMM和CRF用到了随机过程、场论等领域的数学知识，因而难度最大。

一般情况下，建议由简入难，从最简单的模型开始学习，然后逐步增加难度。

4.2.3 如何应用模型

在实践中，我们应该选择什么样的模型来解决实际问题呢？

1. 人工智能技术的落地过程

图4-3中的漏斗模型展示了人工智能技术的落地过程。

在解决问题之前，我们首先需要考虑的是场景。场景是问题发生的环境。到底是谁，在什么情况下，做一件什么样的事情时遇到了问题，这就是场景。

在场景确定后，我们要抽离出场景中的问题，并规划问题的解决方案。

图4-3 漏斗模型

为了解决问题，肯定要做事情，一件件要做的事情就是待完成的任务。也就是说，我们需要将问题的解决方案转化成一个或多个任务，这样就抽象出了任务。

有了任务，就可以去找对应的模型了。比如，要完成回归任务，就需要选择一个回归模型；要完成分类任务，就要选择一个分类模型。

选定模型后，就进入模型的构建过程，一般从准备数据开始，接着编写程序实现算法，再运行实现好的算法去处理数据并进行训练，最终获得模型。

2. 案例分析

上面的描述有点抽象，我们来看一个具体的例子。假设场景如下：某电商经常在下班时间收到客户发来的各种消息，如果回复不及时就会流失客户，但如果7×24小时保持回复，那么要付的加班费又太多，支出远大于收益。怎么办呢？

从这个场景中我们可以提炼出一个问题，这个问题就是该电商缺少一种以低成本在非上班时间回复客户消息的手段。

这个问题如何解决呢？既然纯人工回复是不可能的，那就只能走向人工的反面：自动化。如果能够有计算机程序在没人值班的时候自动回复客户的消息，就能解决问题。这样的程序我们称之为聊天机器人。

关于聊天机器人的方案和架构，我们会在第9章详细介绍，这里读者只需要知道聊天机器人的一个重要模块是语言理解，而语言理解的首要功能就是识别用户的意图，也就是要知道用户提问的目的是什么。比如，用户可能想要咨询某物品的信息，也可能想要查询自己的订单，还可能想要询问与快递相关的问题，如此种种。

一个个用户抱着不同的目的发来消息，聊天机器人怎么才能区分出不同的用户到底要干什么呢？最简单的一种办法就是分类：对用户发来的消息文本进行分类。

分析到这一步，也就从问题的解决方案中进一步抽象出了任务，该任务就是分类。

任务类型已经确定，接下来就可以去选具体的分类模型了。分类模型我们刚才也列出了一些，比如逻辑回归、朴素贝叶斯、决策树、支持向量机、神经网络等。假设我们选了支持向量机，那么接下来我们所要构建的模型就是支持向量机。

这就是从场景到问题，再到任务，最后到模型的过程。从一个很大的真实环境里提取问题，再抽象任务，最后选定模型，从而逐步缩小我们要尝试的范围，如同漏斗，最后"漏"出一个模型。

3. 学习前人的经验

现如今，得益于前人的智慧和积累，我们有了许多可供选择的人工智能模型。在进行具体的模型选择时，从他人的经验中学习无疑是一种十分高效的方法。在挑选合适的模型之前，查阅一些关于各模型特点的资料以及进行对比分析是极为重要的。通过这种方式，我们可以更全面地了解各类模型的优缺点，为我们在面临不同场景和需求时做出最佳选择提供切实可行的参考依据。

在选择合适的人工智能模型时，除了关注研究论文、博客文章或开发者的经验分享，还可以研究一些开源项目、实例和代码库。这可以让我们更深入地理解模型是如何在实际应用中运行的，同时也给了我们一个基于现有技术构建解决方案的起点。

4.2.4 怎样才算学会了一个模型呢

大家对模型的学习和了解是一个逐步深入的过程。毫无疑问，我们首先需要知道模型的名字，以及模型能执行何种类型的任务。

接下来，我们需要了解模型的原理，并据此掌握模型特点，进而知道模型被训练出来的过程是什么样的，以及模型适合在什么样的情况下使用。

再进一步，就是动手实操，去训练一个此种类型的模型，然后用模型来预测数据，最后用模型去解决真正的问题。

至此，我们才算学会了一个模型。

4.2.5 研发新模型

在有些情况下，我们会发现那些已经被别人发明出来的模型并不能满足我们现在的需求。

此时可能需要进行一些新的探索，换言之，就是去尝试研发新的模型。不过一般来说，探索新的模型或算法是科学家的事情。学术机构或者大企业的研究院都有专门的研究人员从事这方面的工作，他们会把探索结果写成论文发表出来。

对于大部分读者，包括从事算法工作的人，绝大部分的工作仍集中在选用现有的模型来解决实际问题。

4.3 模型的生命周期

4.3.1 认识模型的生命周期

前面讲了那么多，大家应该已经意识到了，模型是机器学习的核心。可以说，使用机器学习技术，其实就是使用模型来帮助我们进行预测。

模型的生命周期是指一个模型从被构建出来到被使用的完整的流程，具体分为如下3个阶段。

- 数据处理阶段。
- 模型生成阶段。
- 模型使用阶段。

4.3.2 数据处理阶段

数据处理阶段包含数据的收集、清洗和标注，以及数据编码和数据集划分。其中，数据编码前的操作，也就是数据的收集、清洗和标注，实际上应该叫作数据的预处理。

1. 数据的收集和清洗

首先，我们需要收集数据，然后把数据中异常和不合格的部分剔除掉，并且可能还需要做一些标准化处理。如果是监督学习，则对数据进行标注；如果是无监督学习，则不需要对数据进行标注。

在数据预处理期间，处理的都是原始数据。如果数据是图片，我们可能还会筛选图片，并过滤一些不合格的图片，然后对图片进行标注。在这个过程中，图片还是图片。同样，数据预处理中的音频还是音频，文字也还是文字。

但是等到筛选和编码数据特征的时候，就不再是原始数据了。对于原来的文字、图片、音频、视频等，我们都会通过某种方式提取其特征，并将其最终转换为一个个向量。

在此之前，我们还有一件事要做，就是划分数据集。我们需要把处理好的所有数据划分为多个集合。之所以要这样做，是因为除了一部分数据用来做训练，我们还要保留一部分没有做过训练的数据用于做验证和测试。毕竟，用模型没有"见过"的数据来验证和测试模型的有效性，才较为客观和真实。

2. 数据的标注

数据的标注俗称"打标签"，这听起来是一件很简单的事。在很多情况下，这确实挺简单的。以对一张图片进行整体标注为例，假设这张图片上只有一个人，那么只需要把图片的主题标注成"人"就可以了。

但有时候，一张图片上可能会有不同的人物、动物和物体，标注者需要分别标注出它们的名称和位置。在这种情况下，标注者可能就需要用一些框将图片上的人物、动物、物体都标出来，然后打上具体的标签，这就相对烦琐一些了。

还有一些时候，可能不仅仅需要标注出这个是人、那个是动物，还需要标注出对象的一些特征，比如这个人年龄多大、情绪怎么样、摆了什么姿势等。

虽然简单，但往往需要标注的数据量很大，比如几万、几十万张图片，几十、几百小时的语音记录等。一旦数据量变大，涉及的人力成本和时间成本就不可小觑了。

以上还是普通人就可以打的标签。有时候，需要打标签的是一些专业数据。比如对一些人的胸部 X 光片进行标注，标注内容包括没有肺病、有肺炎、有肺结核或是有肺癌。要准确标注出这些内容，只有经验丰富的专家才能做到。也就是说，某些数据的标注工作只有极少数的专家才能完成。

简单任务主要受限于人力成本，如果投入的资金足够多，可以雇用很多人来完成，通过并行化标注来降低时间成本。但如果是门槛很高的专业标注，则时间成本是无论如何都不可能绕过的。更何况在更多的情况下，资源是有限的。因此标注工作往往会成为现实中应用人工智能技术的瓶颈。

现在出现了很多新的技术，例如半监督，或者利用现有的数据关联与结构进行自动标注等，它们都是以减少标注量为目标。不过，这方面目前发展得还不是很成熟，因此可能在相当长的一段时间里，标注仍然会是机器学习应用的一大痛点。

3. 数据不平衡现象及应对方法

原始数据在经过预处理后，往往会出现一种现象，叫作数据不平衡。比如金融欺诈数据，可能一家银行每天的交易量达百万级，但里面的金融欺诈数据占比很小，也许只有几百条数据。

在这种情况下，如果直接用这些数据来进行训练的话，就会导致模型学习到的是大量正常交易的经验，而对欺诈的认知过少。在这种悬殊的数据量对比之下，模型可能对欺诈交易不敏感，比较容易产生误判，在预测的时候把欺诈交易错判成了正常交易。疾病检测也存在类似的情况。

怎么解决这个问题呢？一般来说，我们需要从数据层来加以解决。最有效的方法就是收集更多的异常数据，以提升异常数据的占比。比如，用一天交易量的正常数据和数月内积累的异常数据进行训练。但是这样做势必会提升数据收集和标注的成本。在初步收集到的数据不变的情况下，可以通过对数据进行重采样或者人工构造数据来降低数据的不平衡性。

除了数据层的操作，我们还可以通过模型层的操作来降低数据不平衡带来的负面影响，比如选择对数据分布不敏感的模型类型，或者在分类的时候选用支持向量机，或者通过选取适当的损失函数和评价指标来平衡数据。

4. 数据编码

到了数据编码层，我们需要将原始数据转换成向量。数据编码领域有一些久经考验的有效手段。

二维的图像数据本身就是一个由像素点组成的阵列，其中的每一个像素点都可以用RGB值来进行描述。我们可以把RGB值作为一个向量数据，比如将其展平为一个三维向量。以一张10×10像素大小的图片为例，总共有100个像素点，将它们展平，就可以形成一个$100 \times 3=300$维的向量。

音频则一般需要经过快速傅里叶变换，将声波随着时间变化的幅值转换为随频率变化的频谱，再进一步提取声波特征以形成向量。

文本的处理则更加多样一些，最简单直接的处理方法就是对文本进行独热（one-hot）编码，计算所有文本数据中总共的文字量。比如，中文文本几乎囊括在3000个常用字内。取常用的3000个字作为文本量，然后对这3000个字进行排序，比如第一个字是"的"，第二个字是"地"，第三个字是"得"，等等。然后解析文本，将其中的每个字转换成一个3000维的向量。一旦遇到一个"的"，则其对应的向量的第一维是1，后面的2999维都是0；而一旦遇到一个"地"，则其对应的向量的第一维是0，第二维是1，后面的2998维都是0；以此类推。

现在比较流行的对文本进行处理的技术是词嵌入，简单来说就是通过训练的方式，获得文本到向量的映射。现在常用的词嵌入模型有Word2Vec和BERT。

5. 划分数据集

最后就是划分数据集。一般来说，我们会将所有数据分成3部分：训练集、验证集和测试集。

顾名思义，训练集就是用来进行模型训练的数据的集合，验证集是用来在模型训练过程中检验模型状态的数据的集合，测试集是模型训练完成后用来测试模型性能的数据的集合。

验证集可以看作小规模的测试集。模型训练是一个反复迭代的过程，在经过一段时间的训练后，我们可以先用验证集来看看模型现阶段的性能如何。如果性能不够好，就再次投入训练，其间也许需要进行一些训练手段的调整，但总体上训练仍将继续下去。

而有些时候，验证集和训练集并没有分得那么清楚。比如，我们会把所有数据划分成多份，进行交叉验证。举个例子，假设我们将所有数据分为5份，第一次把第1份作为验证集，其他的都作为训练集；第二次把第2份作为验证集，其他的都作为训练集；如此重复5次。类似地，数据也可以分10份、100份、1000份，这就是交叉验证。

要训练模型，数据最少需要分成两部分：训练集和测试集。如果只有一份数据的话，拿训练模型的数据再去测试模型，对模型泛化能力的评判就会缺乏客观性和公正性。

4.3.3　模型生成阶段

模型生成阶段包含模型的训练、验证和测试。

1. 模型的训练

要对模型进行训练，就需要有训练程序。一般情况下是算法工程师用某种编程语言（很多时候是Python）将训练算法写出来，形成一个程序，然后用这个程序处理训练集中的数据。程序处理训练集中数据的过程就是训练。通俗地讲，就是这个程序一直运行，不停地处理输入的训练数据，最后输出一个模型，这个模型就是训练程序运行的结果。

这里有必要提一下训练模型的基础设施。简单而言，训练就是运行一个程序，处理数据并得出模型，好像和一般的程序运行没什么差别。但是模型训练因为计算量大，往往处理的数据量也很大，对算力的消耗非常大。因此，模型训练对底层架构（包括硬件和软件）的要求很高。

为了训练模型，我们当然可以额外购买一台安装了GPU（Graphics Processing Unit，图形处理单元）的计算机，然后安装操作系统（比如Ubuntu），最后安装驱动程序、Python运行环境以及训练模型所需的框架、软件包等。这个过程通常比较复杂，不仅需要安装驱动程序、运行环境、机器学习框架等一系列软件，还需要修改许多配置，连专业人士都觉得十分烦琐。

针对这一痛点，现在越来越多的厂商开始提供AI训练平台，这是一种部署在公有云或私有云上的服务，屏蔽了所有底层的软件和硬件。用户不再需要额外购买计算机、安装操作系统和一大堆的软件，只需要把自己的数据和训练程序导入AI训练平台，就可以直接在AI训练平台上进行训练，并最终获得自己的模型，资源部署和环境的维护都由AI训练平台负责。这种方式已经越来越多地被大家认可和采用。

2. 模型的验证和测试

模型的验证和测试在操作上非常类似。训练程序在运行完成之后，就需要测试模型。具体怎么做呢？就是用模型来处理测试集中的数据。将测试集中的数据输入模型，由模型做出预测，得到一个个的预测值。再将这些预测值与对应数据的真实值作比较，根据预测值和真实值的差距，评估模型的性能。

3. 模型的性能

通常情况下，当我们在软件领域谈论性能的时候，指的是软件运行的效率、稳定性等非功能因素。但是当我们说到AI模型的性能时，则指AI模型在经过测试后，根据预测值与真实值的差距计算出来的性能指标的度量值。这类度量值描述的是一个经由机器学习训练出来的模型，在多大程度上能够模拟人类的既往经验。因此，模型的性能体现的是模型在被应用时发挥的作用，更接近"功能"的含义。

执行不同任务的模型，性能评估指标显然是不同的；即使是同一种任务，也有多种多样的性能评估指标可供使用。

测试集中的数据肯定不止1条，也许有100条、10000条。因此，对模型性能的评估是基于一系列预测的整体结果，这一点非常重要。

接下来介绍几个常用的模型性能评估指标。

（1）混淆矩阵

在介绍分类模型的性能评估指标之前，我们需要先了解一个概念——混淆矩阵，它是后续几个模型性能评估指标的基础。

如图4-4所示，混淆矩阵的每一列代表一个实例的真实类别，而每一行则代表一个实例被模型预测出的类别。通过混淆矩阵，我们可以方便地看出机器是否将两个不同的类别混淆了。换言之，我们可以看出机器有没有把一个类别错当成另一类别。图4-4展示了一个有4个类别的分类模型经测试后形成的混淆矩阵。

对于二分类模型，只有两种分类，因此我们用阳性（Positive，P）和阴性（Negative，N）来表示它们。预测结果与实际结果一致时为真（True，T），不一致时为假（False，F）。将阴、阳和真、假两两组合，就形成了图4-5所示的二分类模型的混淆矩阵。

预测值 \ 真实值	大象	猴子	鱼	狮子
大象	25	3	0	2
猴子	3	53	2	3
鱼	2	1	24	2
狮子	1	0	2	71

图4-4 混淆矩阵

预测值 \ 真实值	Positive	Negative
Positive	TP	FP
Negative	FN	TN

图4-5 二分类模型的混淆矩阵

在实践中，多分类问题往往由多个二分类模型来处理。因此二分类模型的混淆矩阵最常用。

（2）精确率、召回率、$F1$值和准确率

基于二分类模型的混淆矩阵，我们可以计算精确率（precision）、召回率（recall）、$F1$值和准确率。

精确率是通过将真阳性的样本数除以所有被预测为阳性的样本数而得到的，计算方法见式4-1。我们可以通过图4-6来加深理解，图4-6中蓝色部分占橙色部分的比例即为精确率。

$$精确率=\frac{TP}{TP+FP} \quad （式4-1）$$

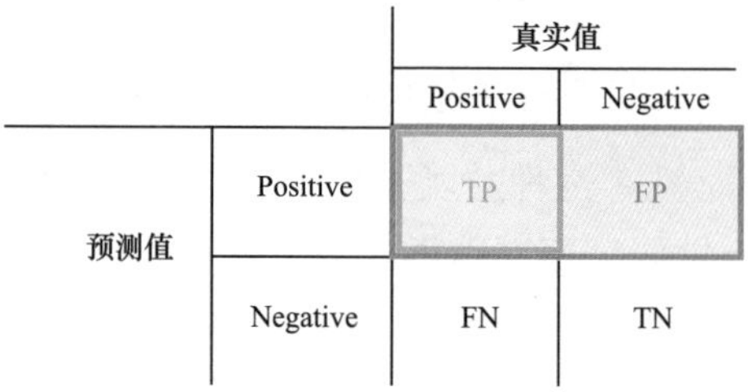

图4-6 精确率

召回率则是通过将真阳性的样本数除以所有实际上是阳性的样本数而得到的，计算方法见式4-2。我们可以通过图4-7来加深理解，图4-7中蓝色部分占橙色部分的比例即为召回率。

$$召回率 = \frac{TP}{TP + FN} \qquad (式4\text{-}2)$$

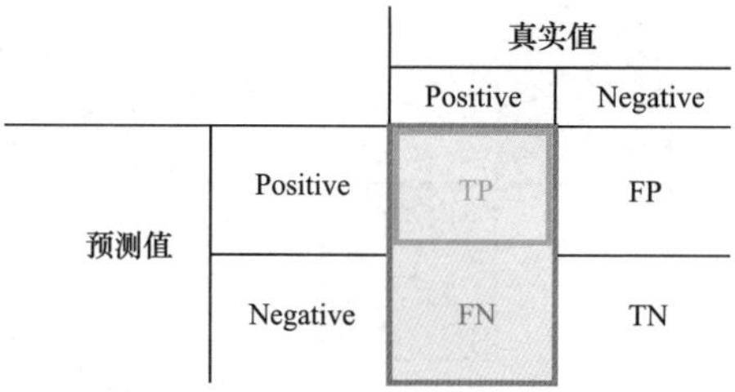

图4-7 召回率

根据上面的定义，我们可以得出如下结论：如果真的有一个完美的模型，那么它的精确率和召回率都应该是1。换言之，真的阳性样本一个不少全都找出来了，同时不是阳性的样本一个也没有被误判。

但现实中不太可能出现这种完美的模型。对正常的模型来说，精确率和召回率往往是一对矛盾。精确率很高的话，召回率往往就不太高了，反之亦然。而模型的性能需要同时兼顾这两个方面。为了全面衡量精确率和召回率，又引入了一个指标，叫作$F1$值，计算方法见式4-3。

$$F1值 = 2 \times \frac{精确率 \times 召回率}{精确率 + 召回率} \qquad (式4\text{-}3)$$

如果是一个完美的模型，则精确率和召回率分别为1，$F1$值同样为1。但如果精确率和召回率都是0.5的话，那么F1值也会变成0.5。如果精确率是0.8、召回率是0.4，那么F1值大约为0.53。F1值越高，模型的整体效果越好。

另外，将所有分类正确的样本数除以总样本数，就可以得到一个新的指标——准确率（accuracy）。准确率有时也被当作一个更加直接的全面评估指标来使用，计算方法见式4-4。

$$准确率 = \frac{TP + TN}{TP + TN + FP + FN} \qquad （式4\text{-}4）$$

（3）ROC曲线和AUC

ROC（Receiver Operating Characteristic，接受者操作特征）曲线又称为感受性曲线（sensitivity curve）。ROC曲线上的各个点反映了在不同的判断标准下得到的对同一组信号的刺激反应，它的绘制过程如图4-8所示。

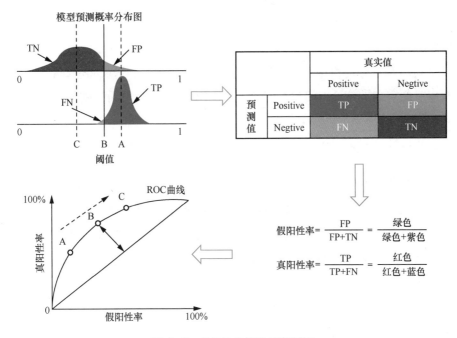

图4-8　ROC曲线的绘制过程

ROC曲线的横轴表示假阳性率（False Positive Rate，FPR），是通过将假阳性样本数除以所有事实上为阴性的样本数而得到的，也就是阴性样本被预测成阳性样本的比例。ROC曲线的纵轴表示真阳性率（True Positive Rate，TPR），即阳性样本被预测成阳性样本的比例，与召回率的计算方式相同。

我们可以将ROC曲线上的每个点都想象成一个二分类模型的一次测试结果。从点(0,0)到点(1,1)的对角线将坐标轴图像划分成了ROC曲线的左上和右下两个区域。笼统而言，左上区域的点代表了模型分类结果胜过随机分类，右下区域的点则代表了模型分类结果不如随机分类。

那么，是不是一条ROC曲线表示的是很多分类模型的测试结果呢？答案是否定的，一条ROC曲线表示的是一个二分类模型的测试结果。既然如此，为什么同样一个二分类模型的测试结果会不同呢？原因在于，事实上各种二分类模型一次预测后输出的并不是一个明确的阳性或阴性判定，而是一个分数，这个分数往往代表成为阳性的可能性。我们可以通过人为规定阈值来限定在何种阈值之上才能被认定为阳性。比如，一个二分类模型某次的预测结果为0.68，如果将阈值设为0.5，那么结果是阳性；而如果将阈值设为0.7，那么结果就是阴性。既然同样的预测值的判定结果可以不同，那么自然同一个二分类模型在阈值不同时就会得出不同的假阳性率和真阳性率。

将同一个二分类模型基于不同阈值设定得到的(FPR, TPR)坐标都画在ROC空间中，便得到了该模型的ROC曲线。该ROC曲线下方的面积称为AUC（Area Under Curve）。简单来说，AUC值越大的分类器，正确率越高。

由此可见，ROC曲线和AUC都是不错的二分类模型性能评估指标。

（4）其他模型的性能评估指标

介绍完分类模型的性能评估指标，我们再来看看回归模型的性能评估指标，参见图4-9，其中y_i表示真实值，$\hat{y}_i$表示预测值，$\bar{y}_i$则表示真实值的均值。

不难看出，虽然具体的计算方法各不相同，但它们无一例外地都用到了真实值和预测值的差值。显然，真实值和预测值的差越小，这些性能评估指标的值也就越小。如果是一个完美的回归模型，则所有的性能评估指标都应该是0。

序列预测模型最为常用的性能评估指标也是精确率、召回率、准确率和$F1$值，毕竟序列预测的效果就好似多个分类模型共同在起作用。

相较于监督学习模型，聚类模型的性能评估指标更加多样，或者说很难有哪个性能评估指标能独占鳌头。

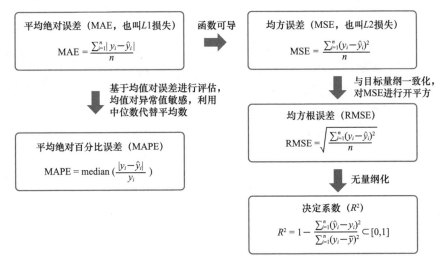

图4-9 回归模型的性能评估指标及对应的计算公式

在测试聚类算法的时候，有时候我们会用带标注的数据进行测试。虽然聚类本身的训练过程不需要标注数据，但很多时候，为了更加准确地衡量聚类的效果，我们还是会人为地标注一些数据。先对数据进行分类，再将类别作为聚类的依据，使聚类结果尽量接近分类结果。在这种情况下，我们依然可以采用混淆矩阵等分类模型的性能评估指标。

如果用没有标注的数据进行测试，则可以考虑使用戴维森堡丁指数（Davies-Bouldin Index，DBI）、轮廓系数等基于聚类形成的簇的自身空间特征，或者使用基于簇之间的空间位置关系进行评估的指标。

4. 偏差与方差

简单来说，偏差反映的是模型的预测值与真实值之间的误差；而方差反映的是模型的每一个预测值与预测均值之间的误差。

让我们把模型预测的过程类比为打靶，如图4-10所示。真实值是靶心，也就是图4-10中靶的红心，而每一次预测就是向靶上打一枪，留下的弹孔是预测值，也就是图4-10中的蓝点。

单次偏差看的是某一次射击的误差，而整体偏差则是每一次偏差的均值。观察图4-10，第一排的两个靶，偏差都不大。虽然很明显左上方的打靶很准，但因为整体偏差计算的是均值，所以右上方靶的靶心四周的偏移互相中和了不少，从而整体偏差也就不大了。

方差直接反映了所有预测值在整体上的密集程度。观察图4-10，左侧的两个靶方差都不大，因为所有弹孔都聚在一起，每一个弹孔距离全体弹孔的中心位置都不远；而右侧两个靶上的弹孔很松散，导致它们的方差比较大。

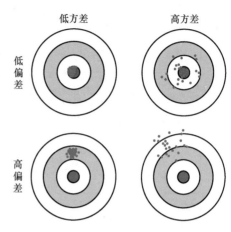

图4-10   将模型预测的过程类比为打靶

如果真的打靶，那么打左上方靶的显然是个神枪手；打左下方靶的应该手很稳，但可能准星出了问题，系统性地打偏了；打右上方靶的明显是个新手，但枪是好的；打右下方靶的则可能不仅枪法差，枪还不好。

反映到模型上，偏差大无疑是没训练好，而方差大则说明模型缺乏泛化能力。

5. 欠拟合和过拟合

欠拟合和过拟合用于描述模型的状态。

欠拟合是指模型无法在训练集上获得足够低的误差。也就是说，我们虽然用训练集训练出了模型，但是如果用模型直接预测训练集中的数据，效果会很差。用拟人的说法就是，这个模型笨到考试考的是刚刚学完的例题，它都答不上来。这样的模型是没办法用于实战的。

什么是过拟合呢？过拟合是指模型的训练误差和测试误差之间的差距太大了。也就是说，我们在用训练集训练出模型后，测试了一遍训练集中的数据，效果不错；但如果拿测试集中的数据来测试模型，效果就差多了。用拟人的说法就是，模型在学习了例题之后，直接考它刚刚学完的例题，分数很高；但如果再拿一套练习题来考它，它就又不会了。这样的模型缺乏泛化能力，也不太可能用于实战。

图4-11分别展示了欠拟合、过拟合和性能良好这3种模型状态。

造成欠拟合的原因比较简单，一般是训练不足或者数据太少，常见于模型训练的早期。如果发现欠拟合，就继续训练，再不行就采取增加数据、增加特征数量等方法。

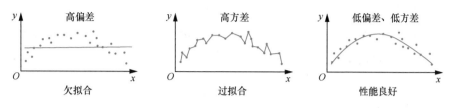

图4-11 欠拟合、过拟合和性能良好

造成过拟合的原因相对复杂得多，可能是训练数据不平衡，也可能是数据噪声过大，还可能是模型过于复杂、选取的特征过多，等等。

要解决过拟合的问题，可以采取增加数据、调整数据分布、减少特征数量、降低模型复杂度等方法。此外，还有一套相对完整的正则化方法，可用于模型训练，它在应对过拟合问题时往往是有效的。

6. 影响模型性能的因素

跳出简单指标和测试的范畴，从整体上看，影响模型性能的因素有哪些呢？大致有3个方面：数据、算法和工程。

从实践的角度而言，对模型性能影响最大的是数据。数据有多少，质量怎么样，特征筛选得是否合适，编码方法是否恰当，数据分布是否平衡，甚至数据集的划分是否合理，这些都可能会影响最终模型的性能。然而，由于数据的获取成本（特别是标注成本）较大，因此很多时候我们不得不基于质量不高、数量不足的数据进行训练。

算法直接决定了模型的类型。算法的理论基础如何，是否能够快速地近似模拟，在处理数据时是否有批量并行的可行性，这些也都会直接影响最终模型的性能。

除了数据和算法，影响模型性能的因素还有工程。工程涵盖的范围比较广，最基本的是算法的实现过程，也就是把抽象的算法落实成真正的代码的过程。很多算法在理论上是可以达到极优性能的，但因为实现的缘故，导致最终的精度有限。还有一些训练程序或预测程序，虽然功能无虞，但实现得不够高效，这也会对模型的性能产生影响。

工程能力直接影响我们对算力的运用。正如前面所讲的，到底是买一台计算机自行在本地训练模型，还是采用云端的AI平台，不同的决策直接决定算力的上限和性价比。

影响模型性能的因素多种多样，找到导致模型性能不佳的具体原因并基于现有条件进行改进或规避，是机器学习在现实应用中最难解决的问题。

4.3.4 模型使用阶段

前面介绍了模型的训练和测试，以及模型性能的评估指标。下面我们来看看如何使用训练好的模型。

1. 模型的部署

在使用模型之前，还有一步必须进行，就是部署模型。模型的部署其实很好理解，就是把模型放在一个可以让它运行的环境中。

我们当然可以把模型文件直接保存在一台机器上，然后安装模型的运行环境。不过，就现阶段而言，在大多数情况下，我们会在线部署模型。目前有很多容器化的微服务部署方案，非常方便。我们可以把模型的运行环境放在容器里，对外提供服务。这部分涉及容器化部署技术，不属于AI领域，超出了本书的讨论范围。目前比较流行的容器是Docker，大家可以自行学习。

总之，容器化部署的好处很多，首先是便于版本管理，其次是可以屏蔽底层的软/硬件，使得用户无须自行安装各种软件，也无须显式地调度计算资源。容器化部署是目前主流的模型部署方式。

2. 模型的使用

模型部署好之后，就可以使用模型了。当然，如果模型仅仅部署在本地，那就只能在本地调用，也就是在本机上直接通过运行命令来调用模型。

对于在线部署的模型，我们可以通过API来进行调用。比如，微软为广大用户提供了大量人工智能模型的API，它们在微软的公有云服务平台Azure上被统称为微软认知服务。这些服务的内容涵盖图像处理（比如分析图像和视频内容、人脸识别等）、语音处理（比如语音识别、语音合成、声纹识别等）、自然语言处理（比如实体识别、意图识别、自动翻译等）和机器决策（比如个性化服务、异常检测器、内容审查器等）。

　　这些服务都可以通过REST API或客户端SDK进行调用，仅需要编写少量代码，就可以应用功能强大的各种深度学习模型。下面这段代码展示了如何以调用API的方式使用微软的语音合成模型，具体应用是通过调用语音合成API来直接生成一段语音：

```python
def tts_mic(speech_key, service_region):
    speech_config = speechsdk.SpeechConfig(subscription=
speech_key, region=service_region)
    speech_config.speech_synthesis_language = language
    voice = "Microsoft Server Speech Text to Speech Voice
            (zh-CN, XiaoyouNeural)"
    speech_config.speech_synthesis_voice_name = voice
    speech_synthesizer = speechsdk.SpeechSynthesizer
                        (speech_config=speech_config)

    while True:
        print("请输入期望转换的文本，按 Ctrl+Z 退出 ")
        try:
            txt = input()
        except EOFError as e:
            break
        result = speech_synthesizer.speak_text_async(txt).
                get()
        if result.reason == speechsdk.ResultReason.
                            SynthesizingAudioCompleted:
            print("识别结果:[{}]".format(txt))
        if result.reason == speechsdk.ResultReason.Canceled:
            cancellation_details = result.cancellation_details
            print("识别取消: {}".format(cancellation_
                                    details.reason))
            if cancellation_details.reason == speechsdk.
                                CancellationReason.Error:
                print("错误: {}".format(cancellation_
                    details.error_details))
    return
```

　　用户只需要注册Azure订阅账户（可以免费试用），之后申请语音服务并生成相应的speech_key和service_region，就可以应用上面的代码。上述代码的作用是接收用户输入的文字，生成相应的语音并播放出来。

　　除了直接调用模型，用户还可以直接使用在后台调用人工智能模型的产品。在这种情况下，用户甚至都不会意识到自己用到了人工智能模型，因为用户既没有主动将参数和命令传给模型，也没有收到模型回复的任何消息，完全是在无感地使用模型。

4.3.5   人工智能模型的局限性

最后要提示大家的一点是，人工智能模型都是有局限性的。

1. 模型本身的问题

首先，训练完的模型本身就存在性能问题。性能好不好？各种性能评估指标表现如何？模型是否欠拟合？模型是否过拟合？是偏差大还是方差大？就算模型的性能很好，未来还会有很多它从来没有见过的数据在更广的范围内考验它的泛化能力。世界上不存在完美的模型，任何模型都不会完全正确。

当某些样本被输入模型后，预测结果与用户预期不相符时，怎么解决呢？可能模型的整体性能很好，但就是对一些特定的数据或指标表现不佳。

当然，我们可以重新训练模型，但即便重新训练，也不能保证一定就能得到预期的结果。而且重新训练还有可能引入一些回归问题，说不定以前旧模型预测正确的数据，新模型反而处理不好，这种情况时有出现。因此，对于是否要重新训练模型，需要做全方位的评估。而且模型本身的高性能能否发挥出来，和怎么使用它是有关系的。如果使用的方法不对，比如传入的参数有误、被预测的数据自身有噪声等，会在应用层降低模型的有效性。

2. 应用模型的挑战

每一个模型都是直接完成任务，并间接解决问题的。没有模型能一步到位地解决实际问题，都需要人工进行辅助。

回顾4.2.3小节讲过的漏斗模型。要在现实中应用漏斗模型，就需要首先通过场景抽离出问题，然后定位任务，最后把任务对应成模型。反过来，即便我们有了一个模型，也只能用它直接执行任务，再把任务执行后的结果组合成问题的解决方案，最后把解决方案放到真实场景中，如此才能解决实际的问题。

模型所能提供的，往往只是现实世界中问题解决方案的一个环节，并且还会受到很多其他技术、工程开发，甚至人为因素的影响。因此，千万不要神化人工智能技术。

第5章
监督学习模型

本章介绍几种常见的监督学习模型，包括线性回归模型、逻辑回归模型、贝叶斯分类器、决策树和KNN算法。通过学习，我们将对监督学习模型有一个具象化的理解。

5.1 监督学习概述

机器学习模型的分类方法有很多，常见的分类方法是将机器学习模型分为如下3类。

- 回归模型。
- 分类模型。
- 聚类模型。

在这3类模型中，回归模型和分类模型属于监督学习模型，聚类模型属于无监督学习模型。在本章中，我们将从回归模型和分类模型中挑选几种有代表性的模型进行讲解。无监督学习模型的内容详见第6章。

本章将介绍5种监督学习模型，包括回归模型中的线性回归，以及分类模型中的逻辑回归、贝叶斯分类器、决策树和KNN算法。

常见的回归模型还包括岭回归和套索回归，它们都是基于线性回归的扩展——在线性回归的基础上加入了正则化项。

分类模型的种类则更多一些，具体如下。

- 逻辑回归是和线性回归非常接近的分类模型，但逻辑回归的输出是一个取值范围为[0,1]的概率值，所以常用于二分类问题。
- 贝叶斯分类器是一种基于贝叶斯公式的分类器。

- 决策树是一种接近人类决策方法的分类器。
- KNN是一种基于距离的简单算法。
- SVM（支持向量机）是一种非常强大的、旨在最大化类间间隔的线性分类器。
- 随机森林是由一组简单决策树组成的组合模型。
- Boosting是一组组合模型算法的总称，它使用一组弱模型来模拟一个强模型，包括AdaBoost、Gradient Boosting和XGBoost等算法。

需要注意的是，许多分类算法（如贝叶斯算法、决策树算法和KNN算法）只要稍加修改，就可以用于解决回归问题。

5.2 线性回归模型

线性回归是最常见的回归模型，虽然它的原理简单，但模型能力很强，尤其是当我们把线性模型和多项式特征结合起来使用时，线性回归所能达到的效果是非常不错的。

5.2.1 线性回归的定义

在深入学习线性回归之前，我们先来完成一个回归任务——为新员工确定合理的薪资。在一家公司里，HR人员需要给新员工定薪，定薪的主要依据通常是公司现有员工的情况和薪资。从图5-1中可以看到，员工薪资数据包含职位、经验值、技能值、国籍、所在城市和具体的薪资，其中前5项为特征。

这个任务很适合使用回归模型来完成，因为回归模型的特点是输出值为连续型数据，而我们所要预测的输出（即薪资）也是连续型数据。如果使用所有的5个特征来预测薪资，那它就是一个多元回归任务；而如果只使用其中的一个特征来预测薪资，那它就是一个一元回归任务。这里的一元和多元代表自变量（特征）的个数。

线性回归是用线性函数拟合自变量和因变量之间关系的一种算法。线性回归容易理解，且容易求解，它在计算资源有限的应用场景中具有很大优势。

图5-2展示了一元线性回归模型，其中只有一个自变量，即横轴所表示的变量。

	特征				标签
职位	经验值	技能值	国籍	城市	薪资/美元
程序员	0	1	美国	纽约	103100
程序员	1	1	美国	纽约	104900
程序员	2	1	美国	纽约	106800
程序员	3	1	美国	纽约	108700
程序员	4	1	美国	纽约	110400
程序员	5	1	美国	纽约	112300
程序员	6	1	美国	纽约	114200
程序员	7	1	美国	纽约	116100
程序员	8	1	美国	纽约	117800
程序员	9	1	美国	纽约	119700
程序员	10	1	美国	纽约	121600

图5-1 员工薪资数据

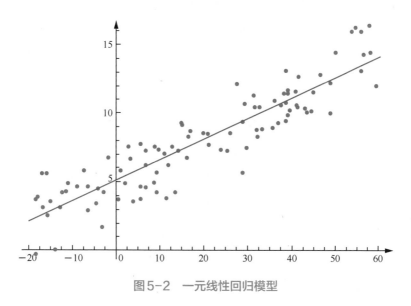

图5-2 一元线性回归模型

在实际应用中，使用更多的是多元线性回归。这里以一元线性回归为例讲解线性回归的原理，多元线性回归在原理上和一元线性回归是一样的。明白了一元线性回归的原理，就很容易理解多元线性回归了。

5.2.2 一元线性回归

一元线性回归模型有三大要素。

首先是待求解的函数 $y = a + bx$。求解出 a 和 b 之后，就可以根据特征 x 求出目标 y。

其次是模型的目标。要训练一个模型，就需要有一个目标。对于线性回归模型，我们希望回归函数能够完美地拟合训练数据。但事实上这很难做到，所以模型的目标被形式化为使得回归函数的预测值在训练集上的平方误差最小。后边我们会更具体地分析模型的目标。

最后是训练数据。这是所有机器学习模型都需要的内容。对于线性回归模型，数据包含特征和标签两部分，其中标签必须是连续型数据。除了对数据的格式有要求，对数据量也有一些要求。线性回归模型需要的训练数据量比较小，但是要大于特征数，所以对于一元线性回归模型，其训练数据需要大于1。如果训练数据量小于特征数，是无法完成模型求解的。

一元线性回归模型的损失函数 $J(a,b)$ 表示在训练集上模型标签和预测值之间的均方误差，如式5-1所示。模型的损失函数值越小，表示模型对训练数据的拟合效果越好。当损失函数值为0时，模型可以完美地拟合输入数据。

$$J(a,b) = \frac{1}{2m} \sum_{i=1}^{m} [y_i - (a + bx_i)]^2 \qquad （式5-1）$$

图5-3可以帮助我们更直观地理解损失函数，圆形的点代表样本的真实值，而方形的点代表样本的预测值。我们期望圆形的点和对应的方形的点之间的距离尽可能小。损失函数就是图5-3中所有虚线的平方的平均值。

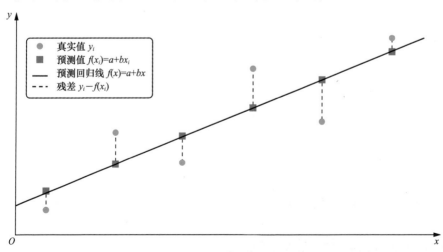

图5-3 一元线性回归模型的损失

损失函数是关于参数 a 和 b 的函数。在定义了损失函数之后，模型的求解就被转换成了损失函数的最优化问题，也就是找到参数 a 和 b，使得损失函数的值最小。函数的最优化问题是一个经典的数学问题，让我们来看一下如何求解这样一个最优化问题。

线性回归模型有多种求解方法，其中最常见的就是最小二乘法。需要注意的是，最小二乘法并不是一种特定的方法，而是一类方法的总称。最小二乘法旨在通过几何方法、线性代数方法或微积分来求解线性回归模型。

除了最小二乘法，我们还可以使用梯度下降法对线性回归模型进行求解。梯度下降法是一种通用的优化算法，其原理很简单，但不保证能够求得最优解。这里所说的"不保证能够求得最优解"，是指在面对复杂损失函数的情况下，对线性回归模型使用梯度下降法可能只能找到局部最优解，而非全局最优解。事实上，梯度下降法很少用于线性回归模型，但它可以求解所有包含损失函数的机器学习模型。梯度下降法也是深度学习领域默认的优化算法。

那么在工程领域，如何使用Python的机器学习包scikit-learn来求解线性回归模型呢？事实上，我们经常使用基于线性代数的最小二乘法，scikit-learn亦如此。这样选择主要是因为线性代数的基本算法在计算机领域已经有了很好的通用实现（如OpenBLAS），我们可以直接使用。

为了求解函数的最优化问题，我们首先需要了解凸函数的概念。凸函数是定义在某个向量空间的凸子集 C 上的实值函数，对于定义域 C 中的任意两点 x_1 和 x_2，总有式5-2所示的关系。

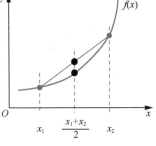

$$f\left(\frac{x_1 + x_2}{2}\right) \leqslant \frac{f(x_1) + f(x_2)}{2} \qquad （式5-2）$$

通过图5-4所示的凸函数曲线，我们可以更好地理解什么是凸函数。最重要的是，我们知道了凸函数是有最小值的，而且比较容易求解。

图5-4　凸函数曲线

恰好线性回归模型的损失函数 $J(a,b)$ 也是一个凸函数，这很容易证明，只需要把 $J(a,b)$ 代入式5-2即可。读者如果感兴趣，可以自行尝试。

既然线性回归模型的损失函数是一个凸函数，那么求解模型就等价于求损失函数的最小值,也就是求凸函数的最小值。如何求凸函数的最小值呢?从微积分的角度来看,求凸函数的最小值其实就是计算函数导数为0的点的值。对于多变量函数来说,也就是计算每个变量偏导数均为0的点的值。

总结一下,我们的目标是求解线性回归模型。为此,我们定义了线性回归模型的目标(也就是损失函数)。由于损失函数是凸函数,因此只需要令损失函数对参数a和b的偏导数为0,然后求解方程组,即可得到a和b的值。

5.2.3 使用梯度下降法求解线性回归模型

使用梯度下降法求解线性回归模型和前面所讲的求导方法类似,也是寻找损失函数偏导数为0的点,但这里是通过迭代的方式对结果进行逼近。

梯度下降法的执行过程如下。

(1)随机初始化参数a和b。

(2)设置学习率γ,γ是一个超参数。

(3)利用样本数据计算$\dfrac{\partial J(a,b)}{\partial a}$和$\dfrac{\partial J(a,b)}{\partial b}$。

(4)更新$a_{\text{new}} = a_{\text{old}} - \gamma \dfrac{\partial J(a,b)}{\partial a}$和$b_{\text{new}} = b_{\text{old}} - \gamma \dfrac{\partial J(a,b)}{\partial b}$。

(5)返回到步骤(3)进行迭代计算。

循环执行步骤(3)和(4),直到a和b的偏导数都为0或者非常接近0为止,此时的a值和b值就是我们求得的模型参数。

再次强调,梯度下降法是一种通用的优化算法,它不但可以用于线性回归模型,也可以用于许多其他模型,尤其是深度学习模型。线性回归模型其实很少使用梯度下降法,除非所要求解的问题有非常大的特征空间(即特征非常多)。

下面我们通过一个具体的例子来详细解释梯度下降法的计算过程。这里我们使用两个数据来训练线性回归模型,它们分别是点$(1,5)$和点$(2,8)$,目标是得到$J(a,b)$取最小值时的参数a和b。

(1)随机初始化$a = 0$,$b = 1$。

(2)设置学习率$\gamma = 0.1$。

（3）计算 $\dfrac{\partial J(a,b)}{\partial a} = \dfrac{\partial [(a+b-5)^2 + (a+2b-8)^2]}{\partial a} = 6b + 4a - 26 = -20$，

$\dfrac{\partial J(a,b)}{\partial b} = 10b + 6a - 42 = -32$。

（4）更新 $a_{\text{new}} = a_{\text{old}} - \gamma \dfrac{\partial J(a,b)}{\partial a} = 0 + 2 = 2$，$b_{\text{new}} = b_{\text{old}} - \gamma \dfrac{\partial J(a,b)}{\partial b} = 1 + 3.2 = 4.2$。

（5）返回到步骤（3）进行迭代计算。

我们发现，一次迭代的结果 a=2 和 b=4.2 已经比初始值 a=0 和 b=1 好很多了。但这还不够，我们需要返回到步骤（3），计算损失函数对 a 和 b 的偏导数并更新 a 和 b，直到损失函数对 a 和 b 的偏导数都接近 0 为止。此时的 a 值和 b 值就是我们求得的模型参数。

5.3 处理分类问题

5.3.1 分类任务

分类任务是相较于回归任务更加常见的一类任务，因此业界对分类模型的研究也相对更多。我们将着重介绍4种分类模型，分别是逻辑回归、贝叶斯分类器、决策树和KNN。前面曾提到过，虽说我们介绍的是4种分类模型，但事实上，除了逻辑回归，其他3种模型也都可以用于回归任务。

二分类问题是所有分类问题中最简单的，旨在把输入数据划分到两个候选集合的其中一个集合中，比如判断图片中的动物是否为狗。二分类问题是多分类问题的基础，在大多数情况下，多分类问题可以转换成二分类问题来解决，比如判断图片中的动物是鸡、鸭、鹅、猪中的哪一种，这个 N 分类任务可以转换成如下 N 个二分类任务。

任务1：图片中是否为鸡？
任务2：图片中是否为鸭？
……

5.3.2 能否使用线性回归模型解决分类问题

首先考虑分类问题中最简单的二分类问题。怎样求解二分类问题呢？是否可以用前面我们学习的线性回归模型解决二分类问题呢？用线性回归模型做分类，最直观的方法就是为模型增加一个阈值。将模型输出值与阈值做比较，即可进行类别划分。

举个简单的例子，回忆前面计算新入职员工薪资的例子。如果我们把任务变为将员工划分为高收入群体和低收入群体两类，则只需要为模型的输出增加一个阈值，收入大于这个阈值的属于高收入群体，收入低于这个阈值的属于低收入群体。

除了阈值，我们还需要对训练数据进行调整。通常情况下，分类任务的标签是枚举值，为了训练模型，我们需要把枚举值转换为数值型特征。

以判断图片中的动物是否为狗这个问题为例，我们来看一下如何使用线性回归模型处理分类任务。

（1）设定一个阈值（threshold），比如0。

（2）进行数据预处理，把是狗的标签值设为1，把不是狗的标签值设为−1。

（3）训练模型。

（4）让模型做出预测。当模型输出y大于0时，预测图片中是狗；当模型输出y小于或等于0时，预测图片中不是狗。

上面的方法乍看起来完全可以解决分类问题，但这样做有没有什么问题呢？

图5-5展示了两个使用线性回归模型解决分类问题的例子。在图5-5所示的两个例子中，蓝线表示线性回归的拟合结果；将阈值设为0，就是取回归函数$y=0$时对应的x值作为对特征的分类界限，即红色虚线。可以看到，在图5-5（a）中，红色虚线把$y=1$的四个点和$y=-1$的四个点很好地区分开来，这说明对简单的数据使用线性回归模型是可以解决问题的。但现实任务中的数据很难如此完美且对称。如图5-5（b）所示，当样本点的分布发生改变时，如果还将阈值设为0，那么这个线性回归模型就不能正确分类所有的点了。

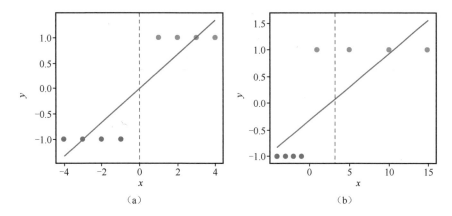

图5-5　使用线性回归模型解决分类问题

这说明对于二分类问题,使用线性回归模型的效果并不好。这是为什么呢? 其实,使用线性回归模型执行分类任务最大的问题在于,模型优化目标和任务目标不一致。也就是说,模型损失函数并不能反映我们对模型的期望,分类任务的目标是把不同类别的实例区分开(即不同类别的输出位于阈值的两侧),但模型优化的目标是让标签值为1或−1。

5.4　逻辑回归模型

逻辑回归模型和线性回归模型有许多相似之处,比如模型的目标都是拟合一个函数,且函数的输出值为连续型数据。不过,它们的模型函数和损失函数是不同的。

5.4.1　逻辑回归模型的原理

首先来看一下逻辑回归模型的函数,见式5-3,其中e是自然对数。

$$h_\theta(x) = \sigma(\boldsymbol{\theta}^{\mathrm{T}}x) = \frac{1}{1+\mathrm{e}^{-\boldsymbol{\theta}^{\mathrm{T}}x}} \qquad (\text{式}5\text{-}3)$$

可以看出,$\sigma(x)$是逻辑回归模型的关键。$\sigma(x)$的定义见式5-4。

$$\sigma(x) = \frac{1}{1+\mathrm{e}^{-x}} \qquad (\text{式}5\text{-}4)$$

$\sigma(x)$被称为sigmoid函数。sigmoid函数又叫逻辑函数,这也是该模型被称作逻辑回归模型的原因。图5-6中的蓝色曲线为sigmoid函数曲线，是一条S形曲线；橙色曲线为sigmoid函数的导数的曲线。

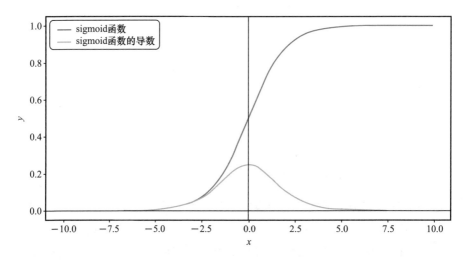

图5-6 Sigmoid 函数曲线

可以看到，sigmoid函数的值域为(0, 1)，这能很好地和二分类问题相匹配，我们可以把0和1之间的输出映射为概率。

$\boldsymbol{\theta}^{\mathrm{T}}x$是线性函数的向量化表示方式。所以，逻辑回归函数其实就是线性回归函数和sigmoid函数的结合，如式5-5所示。

$$\mathrm{lr}(x) = \boldsymbol{\theta}^{\mathrm{T}}x = ax_0 + bx_1 + cx_2 + \cdots \qquad （式5-5）$$

逻辑回归模型在本质上仍是一个回归模型，那么如何用逻辑回归模型解决分类问题呢？逻辑回归模型通常是这样定义的：模型的输出p被定义为样本属于类别1的概率，所以$1-p$便是样本属于类别2的概率。如此一来，一个样本属于类别1和类别2的概率之和便是1，符合我们的认知。基于这样的定义，相当于我们给逻辑回归模型增加了一个等于0.5的阈值。模型输出大于0.5时属于类别1，模型输出小于0.5时属于类别2。

思考一下，如果调整这个阈值会怎么样呢？通常，我们是不会对逻辑回归模型的阈值进行调整的。如果进行调整，则会同时改变模型的精确率和召回率，如图5-7所示。

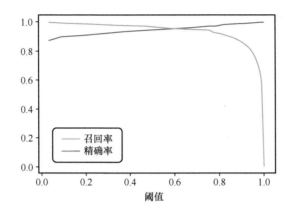

图 5-7 逻辑回归模型的精确率和召回率随阈值而变化

逻辑回归模型的损失函数可不可以直接使用线性回归模型的损失函数呢？答案是不可以。事实上，使用线性回归模型的损失函数，也就是最小平方误差，是一个有效的学习目标。之所以没有在逻辑回归模型中使用，是因为线性回归模型的损失函数用于逻辑回归模型时是一个非凸函数，难以优化。所以我们需要构造一个新的损失函数，这个损失函数有两个特点：第一，这个损失函数需要和任务的目标一致，也就是说，当任务的准确度高时，损失值应该小，而当任务的准确度低时，损失值应该大；第二，这个损失函数要容易优化，最好是一个凸函数。

科学家们为逻辑回归模型设计了一个损失函数，如式 5-6 所示。

$$\text{Cost}(h_\theta(x), y) = \begin{cases} -\log_2(h_\theta(x)) & , y = 1 \\ -\log_2(1 - h_\theta(x)) & , y = 0 \end{cases} \qquad (\text{式 5-6})$$

式 5-6 是一个分段函数。首先，这个损失函数和任务的目标是一致的。当 $y = 1$ 时，损失函数是 $-\log_2(h_\theta(x))$。此时，如果 h_θ 接近 1，那么 $-\log_2(h_\theta(x))$ 就接近 0。相应地，当 h_θ 减小时，损失值 $-\log_2(h_\theta(x))$ 就会增大。当 $y = 0$ 时，损失函数是 $-\log_2(1 - h_\theta(x))$。

其次，当我们使用一点技巧对这个分段函数进行整合之后，它就会变成式 5-7。

$$J(\theta) = -\sum_{i=1}^{m} [y_i \cdot \log_2 h_\theta(x_i) + (1 - y_i) \cdot \log_2(1 - h_\theta(x_i))] \qquad (\text{式 5-7})$$

式 5-7 是一个凸函数，这样我们就可以使用前面介绍的优化方法来求解逻辑回归模型了。

5.4.2 使用逻辑回归模型解决多分类问题

让我们来看一下如何使用逻辑回归模型解决多分类问题。前面简单介绍过，这里我们再以一个三分类问题为例详细介绍。

用二分类模型解决三分类问题的方法就是构建3个One vs Others模型。

- 模型1：A vs Others模型。
- 模型2：B vs Others模型。
- 模型3：C vs Others模型。

模型预测时，$y=i$的概率等于第i个模型的输出，如式5-8所示。

$$P(y = i|x) = h_{\text{model}\_i}(x) \qquad （式5-8）$$

模型的预测结果就是概率值最大的那个类别。

需要注意的是，利用这种方式得到的概率是没有意义的，因为所有类别的概率之和不等于1，如式5-9所示。

$$\sum_{i=1}^{n} P(y = i|x) \neq 1 \qquad （式5-9）$$

逻辑回归模型与线性回归模型有很多相似之处。与线性回归模型一样，逻辑回归模型也可以使用多项式特征来提升模型的能力。

5.5 贝叶斯分类器

贝叶斯分类器是一种基于贝叶斯公式的统计分类方法，通过计算后验概率来对数据进行分类。其中，朴素贝叶斯分类器是最常见的一种，它假设特征之间相互独立。

5.5.1 贝叶斯公式

贝叶斯公式如式5-10所示。

$$P(A|B) = \frac{P(B|A)P(A)}{P(B)} \qquad\qquad (\text{式 }5\text{-}10)$$

贝叶斯公式的含义是：对于事件 A 和 B，B 发生时 A 发生的概率等于 A 发生时 B 发生的概率乘以 A 发生的概率，再除以 B 发生的概率。如果没有学习过概率论，理解贝叶斯公式可能有些困难。

下面举个例子，以直观地验证贝叶斯公式的正确性。在一个小学班级里，学生是男生的概率是 0.3，学生穿白袜子的概率是 0.2，穿白袜子的学生是男生的概率是 0.25，那么男生穿白袜子的概率是多少？在这个例子中，令事件 A 为学生穿白袜子，事件 B 为学生是男生，则男生穿白袜子的概率的计算公式如式 5-11 所示。

$$P(A|B) = \frac{P(B|A)P(A)}{P(B)} = \frac{0.25 \times 0.2}{0.3} = \frac{1}{6} \qquad\qquad (\text{式 }5\text{-}11)$$

我们再用另一组数据来验证一下这个结果。假设班级总人数为 60，男生 18 人，女生 42 人，穿白袜子的有 12 人，穿白袜子的男生有 3 人，我们很容易计算出男生穿白袜子的概率为 $3/18 = 1/6$。这里的证明虽不严谨，但足以帮助我们理解贝叶斯公式。

5.5.2　朴素贝叶斯分类器

理解了贝叶斯公式之后，我们来看一下如何利用贝叶斯公式解决分类问题。简单来说，我们可以使用贝叶斯公式计算每一个标签的概率 $P(Y=i|X)$，然后选择概率最大的标签 i_{max} 作为预测的输出标签。这就是贝叶斯分类器的推理过程。

下面举个例子。如图 5-8 所示，这是一个二分类问题，我们需要识别输入的数字是 5 还是 6。输入是一张 30×30 像素的图片，为简化问题，我们假定图片中的每个像素都只有两种取值——0 和 1。这样的问题如何用贝叶斯分类器来求解呢？

对于输入 X，我们需要分别计算式 5-12 和式 5-13 两个概率，然后选取概率较大的标签作为输出标签。

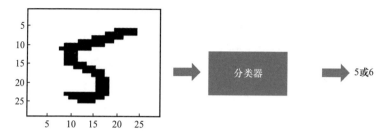

- 输入：X_1，…，$X_{900} \in \{0, 1\}$（黑色或白色像素）
- 标签：$Y \in \{5, 6\}$

图5-8 一个有关数字识别的二分类问题

$$P(Y = 5 | X_1, \cdots, X_n) = \frac{P(X_1, \cdots, X_n | Y = 5)P(Y = 5)}{P(X_1, \cdots, X_n | Y = 5)P(Y = 5) + P(X_1, \cdots, X_n | Y = 6)P(Y = 6)}$$

（式5-12）

$$P(Y = 6 | X_1, \cdots, X_n) = \frac{P(X_1, \cdots, X_n | Y = 6)P(Y = 6)}{P(X_1, \cdots, X_n | Y = 5)P(Y = 5) + P(X_1, \cdots, X_n | Y = 6)P(Y = 6)}$$

（式5-13）

为了求条件概率 $P(Y|X)$，我们需要如下3个概率的值：X 和 Y 的先验概率，以及条件概率 $P(X|Y)$。这3个概率需要在贝叶斯分类器的"训练"过程中进行计算。注意，这里的训练和我们前面所讲的训练不同，这里的训练更接近一个计算的过程。

贝叶斯分类器的训练过程实际上就是根据大数定律，使用分布的抽样（也就是训练数据）来估计这些概率。利用抽样的方式来估计概率本身很简单，只需要对符合相应条件的样本进行计数即可。我们来看一下需要统计的概率的数量。对于 $P(Y)$，只有两个概率需要计算，即 $P(Y = 5)$ 和 $P(Y = 6)$。对于 $P(X)$，X 的可能取值有 2^{900} 种，这是一个仅靠人力处理不了的数量级。$P(X|Y)$ 要统计的概率的数量级和 $P(X)$ 的接近。

对于这种特征维度很大的输入数据，仅靠原始的贝叶斯分类器是没有办法求解的，所以需要引入朴素贝叶斯分类器的一个假设，这也是朴素贝叶斯分类器中"朴素"二字的来源。这个假设就是"特征之间是相互独立的"。引入这个假设之后，就可以计算我们之前无法计算的概率。当特征 $x_1, \cdots, x_n$ 之间相互独立时，它们的联合条件概率就等于各个概率的乘积，如式5-14所示。

$$P(x_1, x_2, \cdots, x_n) = \prod_{i=1}^{n} P(x_i) \qquad \text{（式5-14）}$$

特征之间相互独立的假设也可以极大减小条件概率需要计算的概率数量，如式5-15所示。

$$P(x_1, x_2, \cdots, x_n \mid Y) = \prod_{i=1}^{n} P(x_i \mid Y) \qquad \text{（式5-15）}$$

朴素贝叶斯分类器假设特征之间相互独立，这个假设符合客观事实吗？对于本例中的图像信息来说，通常相邻的像素取值相近，这说明朴素贝叶斯分类器的假设通常是不成立的。不过研究人员发现，虽然在理论上存在瑕疵，但朴素贝叶斯分类器在解决实际问题的时候效果还是不错的，所以朴素贝叶斯分类器得到了广泛的使用。

总结一下，朴素贝叶斯分类器的训练过程其实是一个统计的过程，它会分别统计 X 和 Y 的先验概率以及条件概率 $P(X \mid Y)$。这些概率都可以通过计数的方式来计算，如式5-16 ~ 式5-18所示。

$$P(Y = y_i) = \frac{\text{Count}(Y = y_i)}{\text{Count(all)}} \qquad \text{（式5-16）}$$

$$P(X = x_i) = \frac{\text{Count}(X = x_i)}{\text{Count(all)}} \qquad \text{（式5-17）}$$

$$P(X = x_i \mid Y = y_i) = \frac{\text{Count}(X = x_i, Y = y_i)}{\text{Count}(Y = y_i)} \qquad \text{（式5-18）}$$

模型预测时，使用式5-19计算所有标签的概率，并选取概率最大的标签作为预测标签。

$$P(y_i \mid x_1, x_2, \cdots, x_n) = \frac{\prod_{i=1}^{n} P(x_i \mid y_i) P(y_i)}{\prod_{i=1}^{n} P(x_i)} \qquad \text{（式5-19）}$$

这就是朴素贝叶斯分类器训练和预测的原理。

在实际应用中，朴素贝叶斯分类器还有一个问题：当训练数据有偏或者数据比较稀疏时，某些概率可能不存在，也就是说，统计值为0，这种情况怎么办呢？一种方法是在概率统计过程中加入平滑机制，如式5-20所示。

$$P(X_i = u \mid Y = v) = \frac{\text{Count}(X_i = u, \ Y = v) + 1}{\text{Count}(Y = v) + 2}$$ （式5-20）

在条件概率的基础上，为分子加1，并为分母加2。也就是说，即使在样本不存在的情况下，也会得到一个小的概率。注意，分母中的2不是一个固定的值，而是代表X的可能取值的数量。

另一种方法是用参数估计替代概率统计。假设要估计$P(X \mid Y)$的概率分布，可以假设概率分布符合一种特定的分布，比如常见的高斯分布（要根据数据的特点来选择分布）。高斯分布的公式如式5-21所示。

$$P(x_i \mid c) = \frac{1}{\sqrt{2\pi\sigma_{c,i}^2}} \exp\left(\frac{-(x_i - \mu_{c,i})^2}{2\sigma_{c,i}^2} \right)$$ （式5-21）

高斯分布是由均值μ和方差σ两个参数控制的。所以，我们只需要使用训练数据估计这两个参数，就可以得到$P(X \mid Y)$的概率分布。参数可以使用极大似然法或其他方式来估计。

当使用参数估计时，模型的训练就由统计频率变为估计数据分布的参数。事实上，在scikit-learn中，朴素贝叶斯分类器也是通过这种方式来实现的。根据所选分布的不同，scikit-learn实现了多个不同的类，包括GaussianNB、BernoulliNB、MultinomialNB等朴素贝叶斯分类器。

朴素贝叶斯分类器具有牢固的理论依据（即贝叶斯公式）。虽然带有一个较强的假设，即特征之间相互独立，但朴素贝叶斯分类器在实际应用中效果不错。这使得朴素贝叶斯分类器成了一种比较常用的分类模型，尤其是在垃圾邮件识别任务中，朴素贝叶斯分类器取得了巨大的成功。

贝叶斯分类器的分类效果比较好，但是其输出概率的准确度不是很高，所以在实践中，我们通常不会使用贝叶斯分类器的输出概率来进行置信度估计。

5.6 决策树

决策树是一种常见的机器学习模型，它采用了树形结构，每个非叶节点对应一个特征，非叶节点的每个分支代表这个特征的一个取值，而每个叶节点则存放一个类别标签或函数。

如果叶节点中是一个类别标签，那么它就是一个决策树分类器；如果叶节点中是一个函数，那么它就是一个用于回归任务的决策树。本节以决策树分类器为例进行讲解。

图5-9所示的决策树模型旨在判断是否接受一个工作offer（录用通知）。这是一个二分类问题，预测的输出包括接受和不接受两种。

使用决策树进行决策的过程（即模型推理的过程）是从根节点开始的，根据样本特征值选择路径，依次向下，到达叶节点。叶节点的类别就是模型的输出。

以图5-9所示的决策树模型为例，我们将从根节点开始，先看工资是多少，如果工资不高于5000元，就直接拒绝；如果工资高于5000元，则沿着左侧的路径继续往下走。接下来考虑这份工作每天的通勤时间，如果通勤时间多于1小时，就拒绝这个offer；否则，继续沿着路径往下走。接下来考虑这份工作是否提供免费咖啡，提供，就接受offer；不提供，就拒绝offer。以上就是决策树推理的过程。

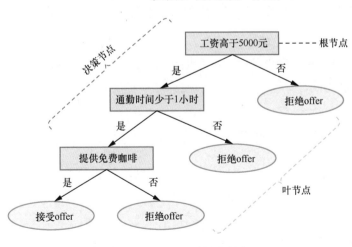

图5-9　一个决策树模型

下面我们来看一下决策树的构建过程，也就是训练过程。决策树的构建过程大体可以分为以下4个步骤。

（1）从根节点开始构建。

（2）对于当前节点，如果所有的数据标签都相同，就将当前节点设为叶节点，标签为样本标签，当前分支构建结束。

（3）如果当前节点不包含任何数据，就将当前节点设为叶节点，并将父节点中出现频率最高的类别作为标签。

（4）选择最优特征，根据特征取值创建若干子节点，对于每个子节点，返回步骤（2）。

构建决策树的整体逻辑比较容易理解，它是一个递归的过程。这里需要明白的是，如何选择最优特征。通常我们需要优先选择对预测价值大的特征，这样一方面可以减少预测时的平均判断路径长度，另一方面便于我们进行决策树的剪枝。（具体什么是剪枝，将在5.5.4小节详细介绍。）

那么，如何判定特征对预测的价值大小呢？不同的算法有不同的判断方法。常见的决策树生成算法有ID3算法、C45算法和CART算法等。

5.6.1 ID3算法

ID3算法以信息增益为基础，用特征分裂后的信息增益来度量特征的价值。为了解释什么是信息增益，我们需要引入信息熵（Entropy）的概念。

信息熵是信息论中的一个概念。假设一个随机变量x有n种取值，分别为$\{x_1, x_2, \cdots, x_n\}$，每一种取值的概率分别为$\{p_1, p_2, \cdots, p_n\}$，则随机变量$x$的信息熵定义如式5-22所示。

$$\text{Entropy}(x) = -\sum_{i=1}^{n} p_i \log_2(p_i) \qquad （式5-22）$$

信息熵创立之初是为了衡量传递一条信息需要的最小比特数。在机器学习中，我们可以用它衡量一个特征所包含的信息量大小。一个特征的信息熵越大，它包含的信息量就越大。

举个例子，假设我们的任务目标是判断明天穿什么衣服，特征A是[下雨，不下雨]，特征B是[晴，阴，小雨，大雨，小雪，大雪]。假设这两个特征都符合均匀分布，显然特征B的信息量更大。即便根据信息熵公式进行计算，也会发现特征B的信息熵大于特征A的信息熵。因为特征B的候选值相对特征A更多，概率更分散，所以信息熵也更大。这个例子虽不严谨，但它可以形象地描述信息熵的意义。

知道了信息熵，我们再来看一下什么是信息增益（Information Gain）。信息增益是针对特征的度量，是用数据划分之前数据集S中标签的信息熵，减去根据特征T对数据集S进行划分之后每一个子数据集S_v的信息熵的加权平均，如式5-23所示。

$$\text{InformationGain}\ (T) = \text{Entropy}(\boldsymbol{S}) - \sum\nolimits_{\text{value}\,(T)} \frac{|\boldsymbol{S}_v|}{|\boldsymbol{S}|} \text{Entropy}(\boldsymbol{S}_v) \qquad （式5\text{-}23）$$

直观上，根据特征T划分后的数据集的标签纯度越高，信息增益就越大。ID3算法以信息增益作为判断特征好坏的度量。ID3算法在选择分裂特征的时候，会选择信息增益最大的特征作为分裂特征。

ID3算法存在两个问题。第一，ID3算法会优先选择候选值比较多的特征作为分裂特征，因为这种特征会将数据划分为多个小的子集，这种小子集的纯度会相对高一些。第二，ID3算法在被提出时不包含对连续型数据的处理，这使得模型无法应用于连续型特征。

5.6.2 C45算法

C45算法在ID3算法的基础上做了改进。C45算法使用信息增益率（Information Gain Ratio）代替信息增益作为衡量特征重要程度的度量，这解决了ID3算法倾向于选择候选值较多的特征这一问题。为了计算信息增益率，引入了分裂信息（Split Information）的概念。分裂信息其实就是特征T本身的信息熵，即特征T固有的信息量，如式5-24所示。信息增益率就是将信息增益除以分裂信息，如式5-25所示。

$$\text{SplitInformation}\ (T) = -\sum\nolimits_{\text{value}\,(T)} \frac{|\boldsymbol{S}_v|}{|\boldsymbol{S}|} \log_2 \frac{|\boldsymbol{S}_v|}{|\boldsymbol{S}|} \qquad （式5\text{-}24）$$

$$\text{InformationGainRatio}(T) = \frac{\text{InformationGain}(T)}{\text{SplitInformation}(T)} \qquad （式5\text{-}25）$$

除了上述改进，C45算法还提供了一个处理连续型特征的方法。这个方法也比较直观，就是先根据样本数据把连续型特征离散化，再按照离散型特征对它们进行处理。

C45算法也存在一个问题，就是当根据特征 T 切分的某个数据子集 S_v 的大小和原始数据集 S 的大小接近时，信息增益率就会趋于无穷大。但事实上，这样的特征并不是好的特征。所以在实际应用中，通常会联合使用信息增益和信息增益率。具体的做法如下：针对每一个特征，先计算信息增益，从所有特征中选择信息增益比较大的特征子集，再对它们进行信息增益率的计算，最后根据信息增益率选择分裂特征。这样做的原因是，信息增益较大的特征不存在信息增益率趋于无穷大的问题。

5.6.3　CART 算法

CART（Classification and Regression Tree，分类与回归树）算法把回归任务引入了决策树中。CART算法使用了和ID3算法、C45算法不一样的特征评价指标——基尼系数，而且CART算法构建出来的决策树是一棵严格二叉树，这是通过把多值标签转换为多个二值标签来实现的。除此之外，CART算法和C45算法非常接近，这里不再赘述。

基尼系数最初用于判断收入的平均程度。当收入集中于少数人手中时，基尼系数趋近于1。CART算法会选择基尼系数小的特征，也就是分布比较均匀的特征作为分裂特征，这与ID3算法和C45算法的选取标准非常相似。

5.6.4　决策树的剪枝

对于决策树，我们会依据训练集中的数据进行构建。为了提高模型在训练集上的准确度，在构建过程中会尽可能多地使用特征，但这也会导致模型难以泛化。以图5-9所示的决策树为例，如果在数据集中加入id字段，则可以使模型在训练集上达到100%的准确度，因为我们始终能够根据个人id（例如身份证号）来判断出offer是否被接受。但是，这样的模型对于新的offer来说毫无意义，因为模型没有泛化能力。

为了提升决策树的泛化能力，我们可以对决策树进行剪枝，也就是删除一些不重要的特征。

- 剪枝可以在构建过程中或构建后进行。
- 依据模型在验证集上的准确度进行剪枝。
- 自底向上进行剪枝。
- 剪枝可以降低训练集的精度。
- 剪枝可以提升验证集的精度。

以图5-9所示的决策树为例，我们可以从"提供免费咖啡"节点开始尝试剪枝，因为这个节点的深度最大。分别计算包含该节点和不包含该节点时决策树在验证集上的准确度，如果不包含该节点时准确度更高，则认为该节点对模型的泛化能力是不利的，可以将其删除，从而得到一个泛化能力更好的决策树。

到这里，决策树分类器的知识就讲完了。决策树最大的特点就是其可解释性，利用决策树得到的结果可以很容易地根据推理路径进行解释。这对于某些应用来说非常重要，比如判断是否手术切除恶性肿瘤，患者非常期望知道医生做出决策的依据。

决策树也是随机森林和一些Boosting算法的基础模型，所以决策树有很强的生命力。

5.7 KNN 算法

KNN（k-Nearest Neighbor，k近邻）算法是一种不太常用的算法，容易与聚类算法中的k均值算法混淆。KNN算法的思路比较简单，不需要训练过程，只需要在推理过程中计算被推理的点和数据集中点的距离，然后从中选取k个距离最短的样本。我们认为这k个样本和推理有关。这里的k是一个超参数。有了这k个样本之后，我们就可以用它们进行投票，得票最多的标签就是预测结果。如果把投票换成求平均值，则KNN算法也可以用于回归任务。

投票算法有一个问题，那就是在不均衡的数据集上效果比较差。图5-10给出了KNN

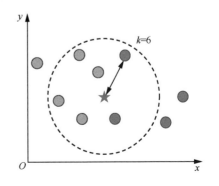

图5-10　KNN算法的一个例子

算法的一个例子，五角星是我们想要预测的点，直观上，它可能更接近蓝色类别，因为我们发现了一种纵向的划分。但是，当$k=6$的时候，投票算法给出的结果是橙色类别。这个问题的一种解决方案是用加权的投票代替简单的投票，对距离小的样本给予更高的权重。权重通常是距离的倒数。

k是KNN算法中唯一的超参数，它对模型的影响很大，那么如何选择k值呢？当$k=1$的时候，代表我们在推理时只考虑与目标样本最近的样本，这样的模型会引入很多噪声，稳定性较差。当k比较大的时候，模型的鲁棒性更好，但会模糊类别之间的边界。k值的选择和数据集的关系很大，通常可以使用参数搜索来进行选取。

下面举个例子来说明k值的重要性。观察图5-11，对绿色点的分类会随着k值的不同而不同。当$k=3$的时候，得到一个实线圆圈，模型的预测结果是三角；当$k=5$的时候，模型的预测结果变为方块。

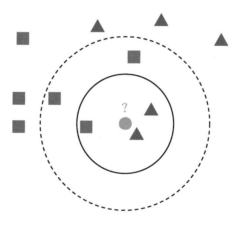

图5-11 KNN算法的另一个例子

到底哪一种结果更好呢？笔者认为这个绿色的点应该是三角，因为有两个三角样本距离目标非常近。所以对这个例子而言，选择$k=3$会得到一个更好的结果。这里其实也可以使用前面介绍的加权方式来投票，从而提升模型的泛化能力。

第6章
无监督学习算法

本章主要讲解无监督学习的概念，并介绍3种典型的无监督学习算法：聚类、参数估计和降维。

6.1　无监督学习概述

无监督学习是机器学习中的一种。无监督学习的目标是探查数据的内部结构和概率分布，或者提取数据的主要特征。无监督学习的主要任务是对数据进行聚类、参数估计、降维、异常检测等处理。

6.1.1　监督学习与无监督学习

监督学习的训练数据同时包含输入变量 x 和输出变量 y，它们分别被称作特征和标签。在监督学习中，可以用一个算法把从输入变量到输出变量的映射关系学习出来，这可以形式化地表达为 $y = f(x)$，然后通过成对的 x 和 y，学习出模型函数 $f(x)$ 的参数。有了参数，我们就能够根据新的数据 x' 预测出相应的 y'。

举个例子，假设我们要训练一个垃圾邮件分类器，用于辨别邮件是不是垃圾邮件，这是一个典型的二分类任务。在这个二分类任务中，邮件中的文本就是输入变量 x，是否为垃圾邮件就是输出变量 y。我们需要构建一个包含 x 和 y 的数据集，用于训练。通常情况下，我们通过人工标注的方式获得训练集，也就是人为地对大量邮件进行识别，并给它们打上是否为垃圾邮件的标签。有了这些数据，机器就能从中自动地学习到模型的参数，之后就能对更多的邮件进行分类了。

从这个例子中可以看出，监督学习的本质是学习"已有"的知识。我们预先知道了一些邮件的分类知识，并将这些知识灌输给模型进行学习，从而使模型掌据这些知识并能在更大的范围进行应用。

无监督学习则不同，其训练数据只有输入变量x，没有输出变量或标签。无监督学习的目的也不是学习已有的知识，而是将训练数据潜在的结构或分布找出来。

举个例子，假设我们去草原旅行，看到很多羊在吃草，它们有的很近，有的很远，有的比较密集，有的则很松散。我们会不自觉地把这些羊划分成好几个羊群，每只羊属于一个羊群。实际上，我们的脑海中正在运行一个算法，把羊的位置和它们相互之间的距离作为特征，对羊进行归类。

抽象地说，我们可以把羊看作二维空间中的点，并将羊的位置转化为点的坐标，我们看到点汇聚成了一个个的簇。在二维空间或三维空间中，我们可以通过可视化加人工的方式辨别出每个点归属的簇。在更高维的空间，有没有办法自动地对点进行划分呢？利用无监督学习的聚类分析算法，我们可以将点集的特征输入聚类模型，这样就能够自动得到点集的划分，也就是每个点归属的簇。

在这个例子中，关于训练数据，我们只知道羊的具体位置信息，而不知道羊能划分成几个羊群，也不知道每只羊所属的羊群，即所谓的标签。从这里便能够得出如下结论：无监督学习所学习的知识并不是已有的，所以无监督学习是在探索新的课题。这是监督学习与无监督学习最大的区别。

6.1.2 无监督学习的意义

为什么无监督学习越来越重要了呢？其实，首要的问题是监督学习的成本太高。为了训练出一个好的监督模型，需要准备足够多的训练数据。对于监督学习而言，没有标注数据，一切都是空谈。但标注数据需要投入大量的人力，尤其是一些特殊的任务，比如对病人的X光片进行病灶检测，只能由专业的医护人员完成，标注成本非常高。将标注任务派给不同的人员后，又会面临标注标准不一致的问题，进一步加大成本，影响模型的效果。

在这个数据爆炸的时代，各行各业的各类数据都呈爆炸式增长，而深度学习模型动辄千万级的参数量也对训练数据的体量有了巨大的需求。完全使用人工标注的数据进行监督学习无法满足实际需要。在此背景下，在数据分析、机器学习、深度学习的研究和应用中，无监督学习越来越受到重视。

6.2　聚类

聚类是无监督学习中研究最多、应用最广的一类算法。

6.2.1　聚类的定义

简单来说，聚类就是将样本划分为若干簇，并将相似的样本归到相同的簇中。比如，现在有一个短视频平台，我们获得了该平台使用者的一些信息，如年龄、地域、性别，以及他们点击视频的时间、类别、停留时长等。我们想把用户划分成一个个用户群，形成用户画像，这样就能对每一个用户群进行一些有针对性的推荐。在这种情况下，我们可以应用聚类算法。

形式化地说，我们现在有一个包含 m 个样本的集合 D，将集合 D 划分为 k 个不相交的簇 C，这里可以表达为簇的交集为空，而所有簇的并集为 D。请特别注意一点，簇间没有交集的聚类任务叫硬聚类，即每一个样本仅能被划分到一个子集中。如果一个样本可以被划分到多个子集中，则称为软聚类。

许多聚类算法在执行前需要指定簇的个数。k 均值算法就是其中之一。在使用 k 均值算法时，若提前指定将样本划分为 3 类，则输出结果如图 6-1 所示。

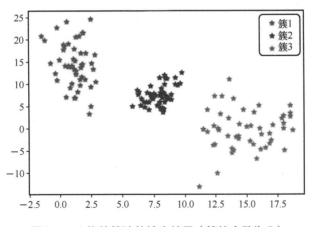

图6-1　k 均值算法的输出结果（簇的个数为3）

那么聚类到底要达到一种怎样的划分呢？直观上，聚类任务的目标就是使样本"物以类聚"：同一簇内的样本要尽可能相似，簇间的样本则应该尽可能不同。

以用户画像为例，我们希望被划分到同一个群体的用户具有相似的特征，例如同一个群体内的用户在相同的时间点看视频，而不同群体中用户看视频的时间点不同。当然，在具体应用时，我们不会只参考一个特征。再如，在羊群划分的例子中，当我们仔细观察被划分到一个个羊群中的羊的时候，可能会发现，同一个羊群中的大多数羊是同一个品种，毕竟山羊、绵羊、盘羊等都更愿意和同类在一起吃草。当我们用某些特征来划分簇的时候，就有可能揭示了一簇样本在另一些维度上更深层次的共性。这是无监督学习的魅力所在。

6.2.2 聚类问题中的相似度与距离

如何衡量相似度？为此，我们需要将样本映射到特征空间中，相似度是用样本在特征空间中的距离来表示的，距离越小，样本越相似。在机器学习中，距离的计算方法有很多种，它们各有不同的性质。

1. 曼哈顿距离

曼哈顿距离指的是在一个直角坐标系中，两点之间的距离等于它们在各坐标轴上的投影长度之和。在图6-2中，红、蓝、黄3条线段都是两点之间的曼哈顿距离，它们的长度是一致的。

2. 欧氏距离

欧式距离是指两点之间的直线距离。推广到高维空间，欧氏距离可以用每个维度上对应的坐标值的差的平方和再开方来计算。在图6-3中，绿色的线段就是欧氏距离。

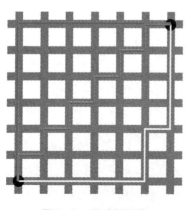

图6-2 曼哈顿距离

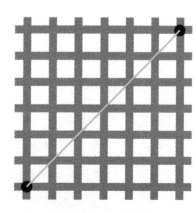

图6-3 欧氏距离

3. 余弦距离

余弦距离也叫余弦相似度，它是机器学习中最常用的距离计算方法。两个样本点之间的余弦距离是指从原点到这两个样本点的向量之间夹角的余弦值。

余弦距离的取值范围是[-1,1]，-1意味着"方向"截然相反，0意味着相互独立，1意味着"方向"完全相同。余弦距离有很好的计算性质，如果两个向量的长度都是1，则它们的余弦距离等于二者的点积。

6.2.3　k 均值算法

k均值算法中的k是一个常数，在执行算法前需要手动指定，算法会将样本分配到k个簇/子集中。

1. k均值算法的执行过程

k均值算法的执行过程如下。

（1）把n个样本投影为特征空间中的n个点，并由用户指定k值（$k \leqslant n$）。

（2）算法从n个样本点中随机选取k个点，作为初始的"簇核心"。

（3）对于每个样本点，计算它到每个簇核心的距离，找到离该样本点最近的簇核心，将其归到这个簇中。

（4）所有的样本点都归类完成后，重新计算每个簇的核心。k均值算法采用簇中所有样本的均值作为簇的核心。

（5）返回到步骤（3）进行迭代计算，直到簇核心不再移动为止，输出结果。

2. k均值算法的计算细节

我们形式化k均值算法的目标就是使簇内平方和最小，如式6-1所示。计算每个样本到它所在簇的核心的距离，将这些距离值平方后再相加。簇内平方和越小，每个簇内部的样本就离得越近。

$$\min \sum_{i=1}^{k} \sum_{x \in S_i} \left| x - \mu_i \right|^2 \qquad （式6-1）$$

在第t次迭代中，我们需要对每一个样本进行一次分配，使其对簇内平方和的贡献最小。显然,把样本分配给距离它最近的簇核心所在的簇即可。

在对全部的样本进行重新分配之后,原来的簇核心就不再是相应簇的核心了。能使一个簇中平方和最小的点就是这个簇的核心,计算起来也非常简单,直接计算每个簇中所有样本特征向量的平均值即可。

这里我们产生了一个疑问,k均值算法一定会收敛吗?答案是肯定的。由于分配和更新都会使簇内平方和更小一点,而簇内平方和一定不小于0,从而组成一个单调有界的数列,因此k均值算法一定会收敛。

3. k均值算法的特点

k均值算法是一种简单直接的算法,需要提前指定k值。而一个好的k值,需要通过多次指定不同k值的实验才能得出。此外,簇核心的初始化最终也会影响聚类的结果,换句话说,指定不同的初始点会导致最终聚类的结果不同。

4. k均值算法的优化:k-means++算法

scikit-learn中实现了一种更强大的k均值算法,即k-means++算法。k-means++算法在初始化簇核心的时候做了调整。不同于k均值算法采用完全随机的方法选出k个核心,k-means++算法认为每个初始化的核心都应该尽可能地远。具体来说,k-means++算法首先随机选择一个样本作为第一个核心,然后计算每个样本到离它最近的那个核心的距离,以该距离为概率抽取下一个核心。比如,距离已有核心最远的样本被选中的概率最高。更新距离,不断迭代,直至得到最后一个核心。实验和理论推导证明,这样的方法使得平均收敛轮数变少了。

6.2.4 谱聚类

k均值算法存在局限性——在执行前需要指定k值,而现实情况是,很多聚类问题无法事先指定合理的k值,而数据量太大又会导致重复实验的可行性降低。那么,有没有一种算法可以不指定k值就直接计算聚类呢?当然有,基于图数据结构的谱聚类就是一种无须事先指定k值,就可以在结果中保证每个簇的个体数量不低于某个值的聚类算法。

1. 谱聚类的思想

谱聚类采用无向图这种数据结构来抽象样本数据,用图的顶点表示样本点,用边表示样本之间的联系或者相似度。有了图，我们就可以采用基于图的操作来执行算法了。

谱聚类的目标是寻找一种合理的分割，使得分割后形成多个子图，且子图间的距离尽可能大，相似度尽可能低，而子图内部的相似度则尽可能高，这与聚类"物以类聚"的目标是一致的。

相较于 k 均值算法，谱聚类对盘结在一起的样本分布的划分更加合理。与众多的聚类算法相比，谱聚类拥有不俗的表现。

2. 谱聚类的计算方法

谱聚类的计算分为两步：图的构建和切图。

下面首先介绍图的构建。用顶点代表样本点，用边代表样本之间的相似度。有了点之后，接下来构建边，常见的构建方式有 3 种，构建的结果分别是全连接图、k 近邻图和 ε 邻域图。全连接图中的任意两点之间都可以构建一条边。k 近邻图中，如果两点相互都是对方最近的 k 个点之一，则构建一条边。而对于 ε 邻域图来说，我们可以设定一个阈值 ε，只有距离小于阈值 ε 的两点之间才能构建一条边，否则断开。

这里描述的距离都是通过欧氏距离来进行计算的。在具体实现时，则采用邻接矩阵来表示，邻接矩阵中的每一个元素都是样本点两两之间的相似度权重。由于是无向图，这个邻接矩阵将会是一个对称矩阵。

现在我们要对邻接矩阵中的每个元素进行赋值，将没有建立连接的元素赋值为零，建立连接的元素则采用多项式核函数来赋值。

图 6-4 展示了图的构建过程。这里一共有 7 个顶点，产生了 9 条边，距离越近的两个顶点之间的边的权重越高，距离太远的顶点则不产生连接。

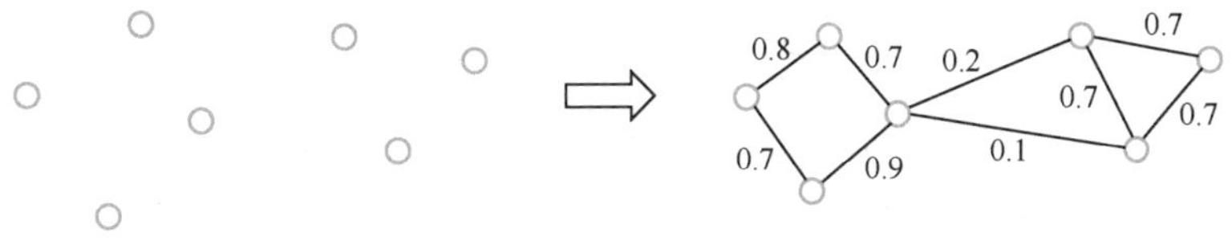

图6-4　图的构建过程

构建好图之后，要进行切图。切图是指将图切分成若干子图，每一个子图就是一个簇，如图6-5所示。

切图策略有两种：mincut和ratiocut。mincut策略旨在使各子图间的相似度尽可能低。为此，构建目标函数cut，计算每个子图与其余子图之间的边的权重之和。可通过最小化目标函数cut来得到最佳的分割结果。mincut策略最直接，但切割后很有可能出现位于边缘的点单独成为一个簇的情况。

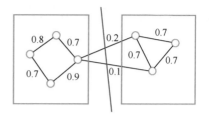

图6-5　切图

相比mincut策略，ratiocut策略增加了一个条件——子图中的节点尽可能多。为此，构造目标函数RatioCut，在计算每个子图和其余子图之间的边的权重时，除以相应子图的节点数。子图中的节点越多，目标函数RatioCut越小。

3. 谱聚类的特点

实际上，谱聚类的具体计算过程比较复杂，且包含非常多的技巧，比如构建邻接矩阵、构建度矩阵、计算拉普拉斯矩阵、进行标准化和矩阵分解等，这里不过多介绍。

我们需要留意谱聚类的特点，谱聚类的运行过程是一个不断分解图的过程，不需要指定k值，理论上可以根据策略一直分解下去，直到满足预设条件为止（例如预设每个簇中的样本数不超过某个阈值）。在具体运算时，只需要记录节点之间的相对距离/权重，而不需要记录节点的特征向量，从而极大减小了内存压力。在矩阵运算中需要用到一些降维的技术，这些技术适合高维数据。

从实际效果来看，谱聚类在类别较少且数据分布比较平衡的情况下表现较好，且很适合复杂的数据分布。

6.3　参数估计

参数估计是无监督学习中的一类任务，也是统计学中的经典问题。我们假设样本是通过一定的概率分布随机抽样获得的，并且我们可以通过一定的方法估计出概率分布中的参数值。比如，假设样本服从高斯分布，则可以通过极大似然估计计算出高斯分布的参数μ和σ。

6.3.1 高斯分布

高斯分布是当前最为常用的一种概率分布，其图像如图6-6所示。高斯分布经常被用来定量地分析自然界中的现象。现实生活中的许多自然现象近似地符合高斯分布，比如人的寿命、身高、体重、智商等。除生物特征外，在不同的行业和领域，大量的业务数据都能够依靠高斯分布来拟合。

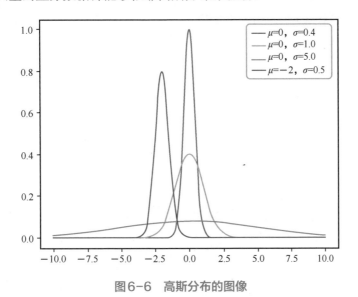

图6-6　高斯分布的图像

不仅如此，概率论中有一个重要的定理——中心极限定理，描述的是随着随机抽样数量的增大，无论样本本身服从怎样的分布，样本的均值都会呈现出以原始样本分布的均值和方差为参数的高斯分布。

比如，假设我们想要估计某校六年级男生的平均身高，但我们并不知道六年级男生的身高总体上呈现怎样的分布。我们可以抽样一部分男生的身高，计算其均值。根据中心极限定理，这个均值可以作为该校六年级男生平均身高的估计值。

无论一个事物本身符合什么样的分布，我们都可以用高斯分布来近似它的分布。也就是说，当我们不知道一个事物的分布具体是什么的时候，可以将高斯分布作为它的分布。高斯分布是最重要的概率分布之一。

6.3.2　高斯混合模型

高斯混合模型假设样本数据是由多个高斯分布采样生成的，可通过最大期望（Expectation Maximization，EM）算法，迭代地估计出每个高斯分布的参数及其在混合模型中所占的权重。高斯混合模型的应用范围十分广泛，常见于语音处理、图像处理等。假设现在有一段录音，其中包含多个人的声音，高斯混合模型能很好地将来自不同人的音频分离出来。

1.　高斯混合模型的思想

所谓的高斯混合模型（Gaussian Mixture Model，GMM），就是将若干概率分布为高斯分布的模型混合在一起而形成的模型。

高斯分布可以形式化地表示为式6-2。

$$f(x; \mu, \sigma^2) = \frac{1}{\sqrt{2\pi\sigma^2}} e^{-\frac{(x-\mu)^2}{2\sigma^2}} \qquad （式6\text{-}2）$$

高斯混合模型可以形式化地表示为式6-3。

$$p(x) = \sum_{i=1}^{k} \phi_i f(x; \mu_i, \sigma_i^2) \qquad （式6\text{-}3）$$

在式6-3中，ϕ_i、μ_i和σ_i是需要估计的参数。

在高斯混合模型中，由于每个高斯分布中的样本数量不同，因此各个高斯分布所占的比重也不一样，我们需要使用一个权重ϕ来表达这种性质。于是整个样本生成的过程便可以理解为：依据权重ϕ，从k个高斯分布中选择其一，再依据高斯分布生成这个样本点。

权重ϕ对样本的选择过程实际上是没法察觉的，我们只能看到每个样本采样完成后的结果，所以ϕ被称为隐变量。对于带有隐变量的概率分布，我们如何进行参数估计呢？

2.　高斯混合模型的计算：EM算法

EM算法通过迭代计算，交替地执行E步骤（求当前隐变量的期望）和M步骤（用当前的期望对参数进行极大似然估计），使似然函数逐步收敛，最终得到概率模型的参数。

具体来说，先随机初始化分布参数，于是就有了t时刻的分布参数、样本值和分布函数，从而求出当前隐变量的期望，这就是E步骤。

有了当前隐变量的期望之后，通过极大似然估计，估计出t时刻的分布参数，这就是M步骤。

E步骤和M步骤反复迭代，目标函数终将可以收敛，得出最终的分布参数值和隐含值。

也有学者把GMM归为聚类算法。从聚类的角度来看，我们实际上解决的是一个样本属于哪一个类别的问题。与谱聚类、k均值算法不同的是，GMM预测了样本归属于各个聚类的概率。

6.4 降维

6.4.1 降维的意义

机器学习通常会将样本映射为高维空间中的向量。高维数据又会带来怎样的问题呢？

机器学习领域的人士专门对这一类问题做了研究，并用一个概念做了形容，这个概念就是"维度灾难"，具体表现在以下4个方面：数据稀疏、占用空间极大、计算量大、易产生过拟合。

图6-7展示了相同的数据量在不同维度空间中的分布。

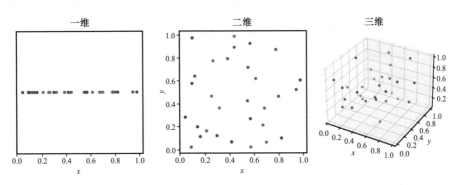

图6-7　相同的数据量在一维、二维和三维空间中的分布

从图6-7中可以看出，在一维空间中，样本比较拥挤，单位空间中的样本很多，密度很大；而在二维和三维空间中，样本的分布就变得相对稀疏了。想象一下，在一个512维的空间中，样本的分布会变得多么分散和稀疏。在如此稀疏的条件下，需要更多的数据（通常随着维度的增加而呈指数级上涨），才能够训练出学习模型。

维数太高导致占用的空间极大，这在很多情况下有可能撑爆内存。另外，计算量也是一个很大的问题。在高维数据中，会有许多样本在某个或某些维度的值为0，这将带来计算上的困难。

维数过高还会引入太多特征和噪声，导致极易在训练集上产生过拟合，使模型的泛化能力下降。

从以上总结的种种问题中可以看出，特征向量的维数不宜太高。我们需要找到一个好的方法，把维度降下来。这可以形式化地表达为，构造一个算法，它的输入为高维向量 X，输出为低维向量 Y。

$$Y = f(X), \ X \in R^d, \ Y \in R^{d'}, \ d' \ll d$$

降维的原则如下：在降低特征维度的同时，尽可能保留原始数据的"信息"。

6.4.2 主成分分析

从字面意义上来理解，主成分分析就是把原始数据中的主成分抽取出来。

1. 主成分分析的主要思想

主成分分析的主要思想是在向量空间中寻找一个超平面，并将向量投影到这个超平面上。如何找到这个超平面呢？思路有两种：其一是最近重构性，使样本点到这个超平面的距离足够近；其二是最大可分性，使样本点在这个超平面上的投影尽可能分开。这两种思路最终的推导结果是完全一致的。

在向量空间中，用原始向量乘以一个平面的单位向量，就能得到原始向量在这个平面上的投影。主成分分析可以形式化地表达为，寻找一个投影矩阵 W，使得 $Y = W \cdot X$。注意，这里需要指定输出的维数 d'。

下面解释最近重构性。观察图6-8，其中紫色直线和橙色直线所在的平面都是超平面。在主成分分析中，原样本点与其在超平面上的投影点之间的距离的总和越小，表明损失的信息越少。只要找到一个距离总和最小的超平面，就能最大限度地保留信息。在这个思想下，橙色直线所在的超平面好于紫色直线所在的超平面。

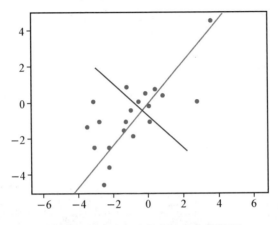

图6-8　向量空间中的样本点和超平面

接下来解释最大可分性。样本的特征导致样本的不同，或者叫"区分性"。我们需要找到一个超平面，使投影之后样本的区分度足够大。方差正好可以表征这个性质，所以这个超平面就是使得样本投影后方差最大的那个超平面。观察图6-8，相比紫色直线所在的超平面来说，样本投影到橙色直线所在的超平面后方差更大，样本的投影更加分散，区分度更高。

2. 主成分分析的计算

主成分分析的计算采用了矩阵分解的技术。输入是 m 个 d 维向量和目标维度 d'，输出是 m 个 d' 维向量。在计算时，首先对 X 按列（特征）进行中心化，使得每一列的均值为0。然后计算协方差矩阵 C。在计算协方差矩阵的时候，只需要将矩阵乘以自身的转置矩阵即可。此时，协方差矩阵 C 中的对角元素就是 X 中每个列向量（特征）的方差。最后对协方差矩阵 C 进行特征分解，取最大的 d' 个特征值所对应的特征向量组成投影矩阵 W。

由于协方差矩阵 C 是一个对称矩阵，而对称矩阵分解后的每一维都是正交的，因此我们所选取的特征向量的每一维都是线性不相关的。也就是说，我们投影得到的 Y 的每一维也都是不相关的。

3. 主成分分析的特点

首先，主成分分析是线性变换，没有用到kernel等技巧，不能解决高阶的可分性问题。其次，由于协方差矩阵的分解结果为正交矩阵，因此输出向量的每一维都是不相关的。还需要注意的是，主成分分析由原始向量经过线性变换生成新的向量，而非对原始维度进行筛选，所以输出向量的每一维并不具有可解释性。

4. 主成分分析的实例

在图6-9所示的例子中，我们用主成分分析对图像做了压缩。图像行向量的原始维数是3200，依次降至1000维、100维和10维。可以看出，当降至1000维时，图像信息的损失并不明显；而当降至10维时，图像已经很模糊了。

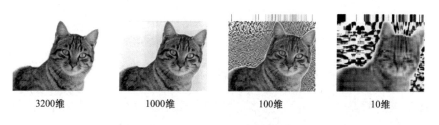

3200维　　　　　　1000维　　　　　　100维　　　　　　10维

图6-9　主成分分析的实例

第7章
神经网络基础

本章从神经网络的定义开始，探讨神经网络的发展历史，并以全连接神经网络为例，深入讨论其推理和训练方法；然后相继解析卷积神经网络、循环神经网络、LSTM网络等不同类型的神经网络架构，并探讨图像处理、语音处理和自然语言处理领域的经典神经网络模型；最后指出深度学习面临的挑战，方便读者综合理解神经网络。

7.1 认识神经网络

7.1.1 神经网络的定义

神经网络（Neural Network，NN）又称人工神经网络（Artificial Neural Network，ANN）、模拟神经网络（Simulation Neural Network，SNN）。无论叫什么名字，可以明确的是，神经网络是一种人工构建出来的计算模型。它是一种模仿生物神经结构和功能的计算模型，用来对函数进行估计和模拟。

从领域划分的角度来讲，神经网络原本是机器学习中的一种模型，和逻辑回归、支持向量机（SVM）、条件随机场（CRF）等并列。但是后来基于神经网络发展出了深度学习，深度学习在实践领域取得了非常多的突破，迅速崛起，神经网络的地位也因此大大提升，不再混同于普通的机器学习模型之列，而独立了出来。

即便如此，神经网络的基本特征不会改变。作为机器学习模型之一，神经网络是一种自适应系统，具备学习能力，能够依据外界信息改变内部结构。

7.1.2　训练神经网络

4.3.3小节介绍过模型的训练。训练就是把很多的数据输入一个具体的训练程序，训练程序在处理完这些数据之后，最终得到一个模型。神经网络也是这样被训练出来的。

与线性回归、逻辑回归和支持向量机一样，神经网络也通过训练程序处理数据来获得外界信息，然后从中提取出既有的经验，以此来改变自身的内部结构。

神经网络的内部结构决定了其是如何工作的。因此，一旦神经网络的内部结构改变了，神经网络对新数据的处理方式就会有所改变，相应地，输出结果和训练之前的也会不一样。这是神经网络具备学习能力的一种体现。

7.2　神经网络的历史和推理

7.2.1　神经网络的发明

神经网络是怎么被发明出来的呢？其实，神经网络是对动物神经元的一种模拟。图7-1展示了动物神经元的结构。紫色区域和黄色的类似线状的结构分别表示动物神经元的细胞体和髓鞘。这两部分在动物神经元的整体结构中最明显。

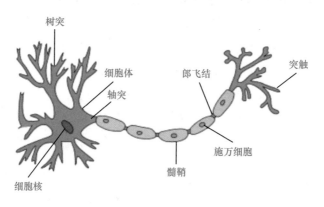

图7-1　动物神经元的结构

动物神经元的髓鞘相当于一个管道，可以传输电流。当电流传输到细胞体的时候，细胞体就会对电流进行处理，再按照一定的概率向前传播，而不是百分之百地向前传播。电流的激发和传导方向具有一定的随机性。这就是动物神经元（包括人的神经元）工作的基本方式。科学家受到动物神经元的启发，发明了神经网络，它是对动物神经元的一种非常简单的模拟。

7.2.2 神经网络的发展历程

图7-2以波峰和波谷的形式形象地展示了神经网络研究的起落沉浮。

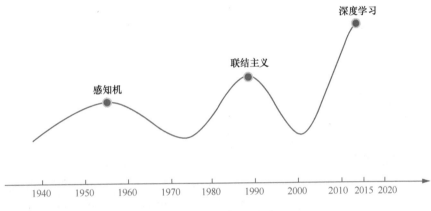

图7-2 神经网络的发展历程

下面介绍神经网络发展历程中的一些重要节点。

1. MP模型

人类对神经网络的研究开始于20世纪40年代。1943年，神经生物学家McCulloch与青年数学家Pitts合作发表了论文"A Logical Calculus of the Ideas Immanent in Nervous Activity"，文中将使用二进制阈值的神经元与布尔逻辑进行比较，用于了解人的大脑如何通过相互连接的大脑细胞或神经元产生复杂的模式，并在此基础上抽象出神经元的数理模型。该数理模型以他们两人的名字命名，称为MP模型。从此，人类对神经网络的研究正式开始。

2. 感知机

1957年，神经生物学家Rosenblatt在MP模型的基础上增加了学习机制，提出了感知机模型。感知机是一种简单的二元分类器，其原理如图7-3所示。

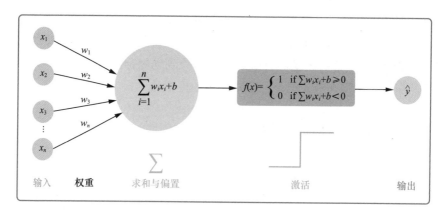

图7-3 感知机的原理示意图

可以看出，感知机的模型函数非常简单，就是对输入的数值进行加权求和，然后与阈值进行比较，大于或等于阈值时输出1，小于阈值时输出0。这实际上是对神经细胞行为的模拟。

单个动物神经细胞可以看作一个只有两种状态（是或否）的机器。一个神经细胞的状态取决于该神经细胞从其他神经细胞接收到的输入信号量，以及突触的强度。当输入信号量的总和超过某个阈值时，直观上就是当这个细胞体被激发时，就会产生电脉冲，电脉冲会沿着轴突并通过突触传递到其他神经元。反之，细胞体会被抑制。

Rosenblatt还给出了相应的感知机学习算法。在感知机进行分类问题的学习时，每一个样本都将作为一个刺激被传入其中。输入信号是每一个样本的特征，期望的输出是样本的类别。当输出与类别不同时，将差值计入损失，感知机利用学习算法对损失函数进行极小化，以此为依据调整突触的权值，达到最优后，求得感知机模型。

利用感知机，Rosenblatt能够让计算机学习如何区分左侧和右侧标记的卡片。这是人类第一次把神经网络理论付诸工程实现，神经网络的研究迎来了第一次高潮。

1969年，"人工智能之父"Minsky和Papert出版了《感知机》（*Perceptrons*）一书，指出单层感知机不能实现异或运算，多层感知机则类似于黑匣子，很多东西不透明，存在模型的解释性不强、参数过多、容易出错、容易过拟合、无法保证全局最优等问题。该书产生了极大反响，自此，人们对神经网络的研究陷入长达十几年的低潮。

3. Hopfield网络与反向传播算法

1982年，加州理工学院的John J. Hopfield教授提出了一种新型神经网络模型——Hopfield网络，其灵感源自磁性材料中原子的自旋相互作用。Hopfield网络中的每个节点存储一个值（0或1），节点之间的连接强度不同。通过调整这些连接，网络能够存储图像，并在输入类似图像时自动校正。校正过程类似于小球滚入山谷，找到最接近的记忆模式。因此，当网络接收带有噪声或不完整的图像时，能有效恢复原始模式，甚至可存储多个模式。Hopfield网络使人们重新认识到神经网络的强大，人们对神经网络的研究再次兴起。此项研究也为Hopfield赢得了2024年诺贝尔物理学奖。

早在1974年，哈佛大学的Paul Werbos就发明了反向传播（Back Propagation，BP）算法，只不过当时正处在神经网络研究的低谷，无人重视。

直到1985年，Rumelhart等人提出了一种分布式并行处理模型，重新给出了多层感知机权值训练的反向传播算法，通过实际输出与理论输出之间的误差，反向微调各层之间连接的权值系数，从而优化整个网络的权值，解决了之前被认为不能解决的多层感知机的学习问题。这一理论被撰写在*Parallel Distributed Processing: Exploration in the Microstructures of Cognition*一书中。至此，人类对神经网络的研究进入第二次高潮。

4. 深度神经网络

1985年，Geoffrey Hinton在Hopfield网络的基础上，与同事Terrence Sejnowski共同开发了一种新型的神经网络，称为玻尔兹曼机（Boltzmann Machine）。玻尔兹曼机运用了统计物理学中的概念，通过计算系统的整体能量，估算各个模式的概率。

然而到了20世纪90年代中期，随着统计学习理论研究的突破和支持向量机的兴起，统计学习方法获得了大量效果良好的实验结果和可行性应用。神经网络则由于其理论性质的不明确、试错性强且性能不佳等弱点，被大多数研究人员放弃，导致神经网络的研究又一次跌入低谷。

好在并非所有人都放弃了神经网络，Geoffrey Hinton就没有放弃。这位出生于1947年的科学家，在1978年于爱丁堡大学获得人工智能博士学位后，就一直致力于神经网络的研究，即使在神经网络被很多人放弃的日子里，他也依然不忘初心，孤独坚守。2006年，Hinton发表了"A Fast Learning Algorithm for Deep Belief Nets"和"Reducing the Dimensionality of Data with Neural Networks"两篇论文，介绍了利用预训练使深度神经网络训练变得可行的方法，从而将神经网络重新带回人们的视线中。也正是Hinton提出了深度学习的概念。Geoffrey Hinton和Yoshua Bengio、Yann LeCun一起被称为"深度学习三巨头"，他们三人也因为在人工智能领域的基础研究而于2018年获得计算机界的最高奖项——图灵奖。Geoffrey Hinton还因其发明的玻尔兹曼机在2024年与Hopfield分享了诺贝尔物理学奖。

5. 深度学习

随后的几年里，伴随着算法的改进，科学家们发现显卡上的处理器——GPU——非常适合用于神经网络的训练，由此带来了算力的大幅提升。与之相辅相成的是大数据技术的涌现，使得人们收集和处理深度神经网络训练所需的海量数据成为可能。自此，深度学习开始全面发力，在图像处理、语音处理、自然语言处理等应用领域取得显著成绩，神经网络再度成为热点，掀起了持续至今的神经网络研究的第三次高潮。

经过80多年的发展，神经网络已经逐步发展出多种多样的形态，如全连接神经网络、卷积神经网络、循环神经网络等不同的架构类型。

7.2.3 神经网络的推理

虽然神经网络结构各异，但其实从更高一层的角度来看，每一个神经网络都可以看作一个黑盒，或者说是一个函数。这个函数接收输入并给出输出，其间的操作无论多么细致，最终的结果都是做了一个从输入到输出的映射（mapping）。这个映射的过程被称为推理（inference），对应的是机器学习中统计学习模型的预测过程。

推理的目的又是什么呢？当然是完成任务。相较于统计学习模型的一个模型通常只能完成一两个任务，广义的神经网络能够完成包括回归、分类、序列预测在内的几乎所有类型的监督学习任务。之所以是监督学习任务，是因为这个用来做推理的"函数"实际上是神经网络拟合原始数据的特征与标签之间关系的结果。

通过算法对一个初始的神经网络中的参数进行调节，使其逐渐逼近数据特征和标签之间的映射关系的过程，就是神经网络的学习过程，对应的是机器学习模型的训练过程。理论上，只要有足够的训练数据和神经元，神经网络就可以学习出非常复杂的函数。

其实，神经网络在诞生之初就被用作通用的函数逼近器。一个两层的神经网络可以逼近任意函数。因此，人们将神经网络看作一个可学习的模型，并将其应用于机器学习中。

7.3 全连接神经网络

到现在为止，神经网络对于我们来说还是太过抽象了。下面让我们来一起学习一种简单且常用的神经网络——全连接神经网络，并通过仔细分析它的结构、训练和推理过程来了解神经网络的工作原理。

7.3.1 全连接神经网络的定义

1. 全连接神经网络的示意图

全连接神经网络（Fully Connected Neural Network，FCNN）的结构如图7-4所示。

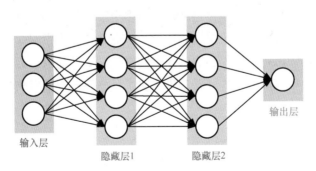

图7-4 全连接神经网络的结构

图7-4中的每一个圆圈代表一个神经元，它们按列排好，这里的列称为层。

圆圈之间的线表示神经元之间的连接，有连接存在的两个神经元之间可以传递数据。

2. 前馈神经网络

全连接神经网络是一种前馈神经网络（Feedforward Neural Network，FNN）。因此，全连接神经网络中的每一个神经元只能将自己的输出传递给下一层的每个神经元，而不能传给自己，也不能传给上一层的神经元，更不能越层传递。

前馈神经网络是人工智能领域最早的一种非常简单的神经网络。在前馈神经网络内部，各神经元分层排列，每个神经元只与前一层的神经元相连，接收前一层的输出，并输出给下一层，单向传播。各层之间没有反馈，也就是说，数据传播路径不会从后往前，也不会构成有向环。

3. 神经网络里的层

在神经网络中，各神经元可以接收前一层神经元的信号，并产生输出到下一层。第0层叫输入层，最后一层叫输出层，其他中间层叫隐含层（或叫隐藏层、隐层等）。隐含层可以有多个，也可以只有一个，甚至可以没有。但输出层必须存在。在计算层数的时候，只计算隐含层和输出层的数量，输入层不计入其中。以图7-4所示的全连接神经网络为例，它有两个隐含层和一个输出层，所以它是一个3层的全连接神经网络。

4. 多层感知机

全连接神经网络还是多层感知机（Multi-Layer Perceptron，MLP）的一种。多层感知机本身就是一种前馈神经网络，由多个节点层组成，每一层都全连接到下一层。除了输入节点，多层感知机的每个节点都是一个带有非线性激活函数的神经元。多层感知机是前面提到的感知机的推广，为了加以区分，后面我们称最原始的感知机为单感知机。多层感知机克服了单感知机不能对线性不可分数据进行识别的弱点。

需要注意的是，多层感知机并不等于多层的单感知机。多层感知机的神经元和单感知机的神经元都采用权重存储数据，且都会对输入数据求加权和，但求出加权和之后的处理就不一样了。多层感知机可以使用任意激活函数，这些激活函数可以自由地执行分类或回归任务。

5. 全连接的定义

相较于广义的多层感知机,全连接神经网络比较特殊的一点就是"全连接"。以图7-4所示的全连接神经网络为例,前一层中的每个神经元都会连接到下一层中所有的神经元。第 n 层中的任意一个神经元都接收第 $n-1$ 层中所有神经元的输出作为自己的输入,并将自己的输出连接到第 $n+1$ 层中的每一个神经元,这样的多层感知机就是全连接神经网络。

6. 激活函数

全连接神经网络具有"全连接"的前馈结构,其中的所有神经元在对输入数据进行加权求和后,会将加权和输入激活函数,并将激活函数的输出作为整个神经元的输出。激活函数可以是各种各样的函数。早期的全连接神经网络使用的激活函数是sigmoid函数,如式7-1所示,其中e是自然对数。

$$\text{sigmoid}(x) = \frac{1}{1+e^{-x}} \qquad\qquad (\text{式 7-1})$$

5.4节介绍的逻辑回归模型中也用到了sigmoid函数。sigmoid函数是怎么被想出来的呢?早在19世纪,为了研究人口增长以及化学催化反应与时间的关系,人们发明了sigmoid函数。简单而言,sigmoid函数是在对指数函数叠加了修正项之后形成的。就将其应用到人口增长等现实场景的意义而言,sigmoid函数表示的是存量随时间增长渐增的关系。

回顾图5-6,sigmoid函数的输出范围是(0, 1),这样的限定相当于对每个神经元的输出进行了归一化,这使得sigmoid函数很适合用于将预测概率作为输出。sigmoid函数处处可导,且梯度平滑,这使得我们在训练神经网络时可以避免跳跃值的出现。这些特征成就了sigmoid函数在经典全连接神经网络中的地位。

常见的激活函数除了sigmoid函数,还有双曲正切函数tanh、ReLu函数(当输入大于等于0时为一条直线),以及LeakyReLu函数(由两条斜率差异巨大的直线拼接而成)等。为什么会有这么多激活函数?它们各自又有什么特点呢?后面在讲到神经网络的训练过程时会详细介绍。

7. 激活函数的意义

为什么必须引入激活函数?要回答这个问题,我们不妨反过来想,神经网络中如果没有激活函数会怎么样?以全连接神经网络为例,如果没有激活函数,则每一次能做的就只有加权求和这种线性运算了,而线性运算叠加的结果仍是线性运算。也就是说,无论一个神经网络有多少层,在没有激活函数的情况下,也就仅相当于一个线性函数而已。这和我们希望的能做任何任务的神经网络显然相去甚远。于是,引入激活函数也就引入了非线性因素,从而增强了神经网络的拟合能力。我们可以用神经网络来解决线性模型所不能解决的问题。

8. 参数

在了解了全连接神经网络的结构和激活函数之后,我们再来看一看全连接神经网络的参数。全连接神经网络的参数就是其中每一个神经元的参数的集合。全连接神经网络的每一个神经元包含的参数非常类似,都分成两类:权重,用w来表示;偏置,用b来表示。如图7-5所示,不同神经元的权重个数不等,可用w_1、w_2等带下标的w来表示;而偏置只有一个,直接用b来表示即可。一个神经元有多少个权重,由这个神经元所在层的上一层决定。假设上一层有n个神经元,则本层中的每个神经元都有n个权重。

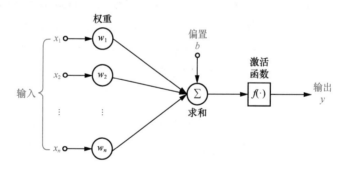

图7-5 全连接神经网络中神经元的参数

7.3.2 全连接神经网络的推理

1. 输入与输出

全连接神经网络一共分几层?每层有多少个神经元?激活函数是什么?在得到这3个问题的答案后,我们就可以进行全连接神经网络的推理了。

全连接神经网络的推理是指在训练完模型并得到一个全连接神经网络之后,用它对输入数据进行预测。当我们将整个全连接神经网络看作一个函数的时候,全连接神经网络的推理就是在给定自变量的情况下，用这个函数求因变量的值，如图7-6所示。

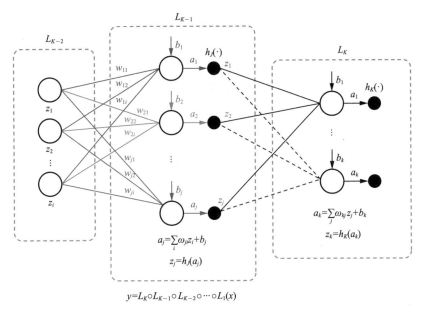

$$y=L_K \circ L_{K-1} \circ L_{K-2} \circ \cdots \circ L_1(x)$$

图7-6　全连接神经网络的推理

2. 前向传播

当我们将全连接神经网络展开成一个个的神经元以及它们之间的连接时，全连接神经网络的推理就变成了一层一层的运算。首先，输入数据进入第一个隐含层的每个神经元。这里需要说明的是，如果没有隐含层，则输入数据可能直接进入输出层，但通常全连接神经网络都有一个或多个隐含层。第一层的每个神经元都用自己的权重和偏置与输入数据进行加权求和，然后用激活函数处理加权和，激活函数的输出被作为当前神经元的输出传递给下一层。之后的每一层都和第一层一样处理输入数据，直至最终的输出层输出整个全连接神经网络的推理结果。这种从前向后、一层接一层向后传递的运算过程被称为前向传播。神经网络的推理其实就是整个神经网络的前向传播运算。

从全连接神经网络的生命周期来看，推理是排在训练之后的，只有完成训练的全连接神经网络才能进行推理。既然如此，为什么我们先讲推理呢？一是因为推理比较简单，二是因为训练过程中也要用到前向传播。

7.3.3 全连接神经网络的训练

1. 训练模型

前面提到过机器学习模型的训练，并以线性回归模型为例对训练过程做了比较详细的讲解。通过线性回归模型的例子我们知道，训练的目标是获得模型的参数，训练的方法则是以最小化损失函数为目标对模型进行最优化运算。在最优化过程中可采用多种算法，最常用的算法是梯度下降法。这些都是我们从机器学习模型的训练中了解到的。

神经网络也是机器学习模型，所以训练线性回归模型的那套方法也可以套用到神经网络上。首先，训练神经网络的目的是获得神经网络的参数，并用来进行推理。这一点毋庸置疑。而训练神经网络的过程同样以最小化损失函数为目标，并且最终也会用到具体的最优化算法，比如梯度下降法。但因为神经网络比线性回归模型这种统计学习模型的函数要复杂得多，所以神经网络的训练过程也要复杂得多。不过，它们都需要通过对损失函数进行最小化，并经过反复迭代才能得到模型函数的参数的值。

2. 反向传播

在线性回归模型中，我们可以用损失函数直接对模型的参数求梯度，然后运用梯度下降法。而在全连接神经网络中，我们不可能用损失函数对所有的参数直接求梯度。原因在于，所谓的损失函数，无论具体的计算方式如何，体现的都是当前状态的神经网络对输入数据进行推理的结果与数据标签之间的差距。数据标签虽然是已知的，当前的推理结果却是通过前向传播算法，从前往后一层一层推进过来的。因此，很多参数和推理结果之间存在多层嵌套的关系。在这种情况下，无法直接求梯度，怎么办呢？此时就需要用到反向传播了。

反向传播是"误差反向传播"的简称，是一种可以与梯度下降法等最优化算法结合使用，以训练神经网络的常见方法。反向传播首先根据当前的前向传播结果计算损失函数，然后从输出层逐层向前，直到第一个隐含层，按层分别对当前层的参数求梯度，并按照减小损失函数的方向更新权值和偏置。这个过程看起来就像梯度和参数更新在按照从后向前的方向传播，因此被称作反向传播。

3. 非凸优化

经典的统计学习模型，如线性回归模型等的损失函数都是凸函数，因此存在理论上的最小值。我们可以通过梯度下降法之类的最优化算法找到这个理论上的最小值。

然而，神经网络的损失函数并不是凸函数。虽然凸函数的定义并不复杂，但只有在函数本身很简单的情况下，才能直接套用凸函数的定义来判断一个函数是否为凸函数。一旦函数形式变得复杂，就需要通过一系列经验性的手段来求证。这里不再专门讲解函数凸性的判定，感兴趣的读者可以自己去求解，这里只需要知道结论：神经网络的损失函数是非凸函数。

对凸函数进行最优化叫作凸优化，对非凸函数进行最优化则叫作非凸优化。在凸优化问题中，局部最优解也是全局最优解，而在非凸优化问题中未必如此。从这个角度而言，神经网络确实不像统计学习模型那样具有扎实的理论基础。神经网络训练的操作者缺乏明确的理论依据，在开始的时候并不能保证一定能够训练出有用、有效的模型，而只是基于经验主义投入尝试。最终结果是否可用，存在一定的运气成分。但偏偏这种"运气"在现实中屡屡出现，深度神经网络确实在很多领域已经取得突破性的进展。既然真的能够解决实际问题，那就继续尝试，毕竟虽然学者的研究有非常严格的定义和逻辑，但在实践层面，效果才是我们所追求的。尽管神经网络的损失函数是非凸函数，但这并不影响我们学习并掌握它。

7.4 详解神经网络的推理和训练

本节介绍神经网络推理和训练的具体过程。为了讲解细节，我们选用最简单的全连接神经网络为例，但讲解的推理和训练过程，以及前向传播和反向传播算法对所有的神经网络都成立。

7.4.1 单神经元全连接神经网络

1. 最简单的神经网络

图7-7所示的神经网络只有一个神经元。单个神经元也可以接收多元输入，

但最简单的情况是单个神经元仅接收一元输入。

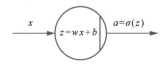

图7-7 只有一个神经元的神经网络

仅有一个神经元的全连接神经网络只有两个参数——权重w和偏置b，激活函数则选用sigmoid函数。

2. 推理

一元输入数据x在被输入唯一的神经元后，先和w相乘，再加上b。设$wx + b$ $= z$，z是加权和。最后将z传入sigmoid函数，计算出结果a，如式7-2所示。

$$a = \sigma(z) = \frac{1}{1 + e^{-z}} \qquad \text{（式7-2）}$$

输入x并得到a的过程是前向传播的过程，也就是推理的过程。a是推理的结果。

3. 损失函数

样本x对应的标签是y，我们选用交叉熵作为损失函数，如式7-3所示。

$$L(a, y) = -[y\ln(a) + (1 - y)\ln(1 - a)] \qquad \text{（式7-3）}$$

我们对神经网络进行训练的目标是最小化损失函数，也就是找到能让损失函数的取值达到最小的w和b。

损失函数是a和y的函数，为什么w和b的取值能使损失函数最小化呢？因为a是w和b的函数，$a = \sigma(wx + b)$。

虽然只有一个神经元，但因为存在一个先求加权和，再用sigmoid函数计算的过程，所以出现了函数的嵌套。

4. 最小化损失函数

我们需要求损失函数对w和b的梯度。因为数据是一元的，所以求梯度就是求偏导。要想求损失函数对w和b的偏导，就需要先求损失函数对z的偏导。在求损失函数对z的偏导时，可以运用链式法则，用损失函数对a的偏导（见式7-4）

乘以a对z的偏导（见式7-5），则损失函数对z求偏导的结果如式7-6所示。

$$\frac{\partial L}{\partial a} = -\frac{y}{a} + \frac{1-y}{1-a} = \frac{a-y}{a(1-a)} \qquad \text{（式7-4）}$$

$$\frac{\partial a}{\partial z} = \sigma(z) \cdot [1-\sigma(z)] = a(1-a) \qquad \text{（式7-5）}$$

$$\frac{\partial L}{\partial z} = \frac{\partial L}{\partial a} \cdot \frac{\partial a}{\partial z} = a - y \qquad \text{（式7-6）}$$

进一步运用链式法则，可以求得损失函数对w的偏导为x乘以损失函数对z的偏导（见式7-7），损失函数对b的偏导则直接相当于损失函数对z的偏导（见式7-8）。

$$\frac{\partial L}{\partial w} = x \cdot \frac{\partial L}{\partial z} \qquad \text{（式7-7）}$$

$$\frac{\partial L}{\partial b} = \frac{\partial L}{\partial z} \qquad \text{（式7-8）}$$

求出偏导后，便可以朝着损失函数减小的方向更新w和b。

回想一下梯度下降法，将其套用到现在的损失函数和参数上就会发现，一旦计算出∂w和∂b，就可以用它们来更新w和b的值。

不断地重复上述过程，使损失函数达到最小值，这就是梯度下降法在神经网络训练中所起的作用。

7.4.2 双层全连接神经网络

1. 双层的单神经元全连接神经网络

图7-8是一个双层的单神经元全连接神经网络，这是最简单的双层全连接神经网络，每一层只有一个神经元，而且激活函数都是sigmoid函数。

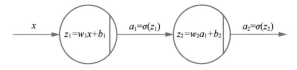

图7-8 双层的单神经元全连接神经网络

这个神经网络一共有4个参数——w_1、b_1、w_2、b_2，前两个是第一层中唯一神经元的权重和偏置，后两个则是第二层中唯一神经元的权重和偏置。x是输入数据，a_1是第一层的输出，同时是第二层的输入，第二层的输出是a_2。

2. 损失函数及其最小化

图7-8所示的神经网络同样选用交叉熵作为损失函数，损失函数的形式与单神经元全连接神经网络的非常类似，只是将a替换成了a_2，如式7-9所示。

$$L(a_2, y) = -[y\ln(a_2) + (1-y)\ln(1-a_2)] \qquad \text{（式7-9）}$$

同样，这里仍然运用链式法则求损失函数对几个参数的偏导。但需要注意的是，要从后往前求，即先求损失函数对w_2和b_2的偏导，这里直接套用单神经元全连接神经网络的求导方法即可，结果如式7-10～式7-12所示。

$$\frac{\partial L}{\partial z_2} = a_2 - y = \mathrm{d}z_2 \qquad \text{（式7-10）}$$

$$\frac{\partial L}{\partial w_2} = a_1 \cdot \mathrm{d}z_2 \qquad \text{（式7-11）}$$

$$\frac{\partial L}{\partial b_2} = \mathrm{d}z_2 \qquad \text{（式7-12）}$$

和单神经元全连接神经网络不同的是，求出对w_2和b_2的偏导只是求出了最后一层的偏导，还要继续求倒数第二层（此处的倒数第二层也就是神经网络的第一层）的偏导，我们要向这一层继续传播求导操作。

求损失函数对w_2的偏导要用到损失函数对z_2求偏导的结果，也就是∂z_2。当把a_1看作常数时，z_2是w_2和b_2的函数；当把w_2和b_2看作常数时，z_2则是a_1的函数。因此，损失函数对a_1的偏导为w_2乘以$\mathrm{d}z_2$（见式7-13），以此为中间结果，可以算出损失函数对z_1的偏导$\mathrm{d}z_1$（见式7-14）。$\mathrm{d}z_1$与第一个神经元的输入（也就是x）相乘，就是损失函数对w_1的偏导（见式7-15）；$\mathrm{d}z_1$乘以常数1，就是损失函数对b_1的偏导（见式7-16）。

$$\frac{\partial L}{\partial a_1} = w_2 \cdot \mathrm{d}z_2 \qquad \text{（式7-13）}$$

$$\frac{\partial L}{\partial z_1} = \frac{\partial L}{\partial a_1} \cdot \frac{\partial a_1}{\partial z_1} = w_2 \cdot \mathrm{d}z_2 \cdot a_1 \cdot (1 - a_1) = \mathrm{d}z_1 \qquad \text{（式7-14）}$$

$$\frac{\partial L}{\partial w_1} = x \cdot \mathrm{d}z_1 \qquad \text{（式7-15）}$$

$$\frac{\partial L}{\partial b_1} = \mathrm{d}z_1 \qquad \text{（式7-16）}$$

这样，损失函数对双层全连接神经网络中所有参数的偏导就都求出来了，然后就能应用梯度下降法更新参数了。

对于更常见的多层、多神经元的全连接神经网络而言，需要学习的参数更多，反向传播的过程更复杂，梯度下降需要的算力更大，但其原理与上面介绍的两种简单的全连接神经网络是一样的。

7.4.3　梯度消失与梯度爆炸及其解决方法

1. sigmoid 函数的作用与局限

sigmoid 函数能够成为应用广泛的神经网络激活函数，缘于其取值范围有限、连续单调且求导容易等特点。那么，sigmoid 函数有缺点吗？当然有。

首先，sigmoid 函数涉及幂运算，这提高了计算的成本，因而需要消耗更多的算力。其次，也是更重要的一点，sigmoid 函数的导数特性会引起梯度消失现象。

sigmoid 函数有一个性质，就是它的导数等于 sigmoid 函数与 1 减去 sigmoid 函数自身的差的乘积，如式7-17所示。

$$\frac{\mathrm{d}[\sigma(z)]}{\mathrm{d}z} = \frac{\mathrm{d}\left(\dfrac{1}{1+\mathrm{e}^{-z}}\right)}{\mathrm{d}z} = \frac{\mathrm{e}^{-z}}{(1+\mathrm{e}^{-z})^2} = \sigma(z) \cdot [1 - \sigma(z)] \qquad \text{（式7-17）}$$

sigmoid 函数的值是一个介于 0 和 1 之间的小数。于是自然地，用 1 减去 sigmoid 函数的值之后，得到的仍是一个介于 0 和 1 之间的小数。将两个小数相乘的结果是比这两个小数还小的另一个小数。也就是说，每次对 sigmoid 函数求导，都会得到一个比 sigmoid 函数自身取值更小的小数。

2. 梯度消失与梯度爆炸

通过前面对反向传播算法的剖析我们得知，神经网络中激活函数的求导是层层累积的。如果神经网络的层数增多，反向传播过程中就会出现不停地用小数乘以小数的情况。

这种求导结果因为具有指数形式的衰减效应，所以很快就会趋近于0。此时的梯度因为实在太小，所以和步长相乘后仍趋近于0，无法对参数的更新起到作用，就好像消失了一样。这种现象就叫作梯度消失。

梯度消失有一个同源异构的问题，叫作梯度爆炸。和梯度消失现象相反，梯度爆炸是因为每次对激活函数求导的结果都比较大，比如远大于1，经过多层累积后，梯度以指数形式增长，导致对参数的更新非常不稳定，甚至可能出现权重值溢出的情况。

梯度消失和梯度爆炸的具体原因和表现形式不同，但它们都和层数以及反向传播算法有关。梯度消失和梯度爆炸都是困扰神经网络训练的严重问题。

3. 解决梯度消失和梯度爆炸问题的方法

为了解决梯度消失和梯度爆炸问题，研究人员想出了各种各样的办法。比如，可以通过预训练加微调的方式，让更多人能够基于前人的训练成果进行少量训练以获得模型，而不用全部自己从头开始；也可以对梯度向量进行归一化，然后根据定义计算其向量范数，当范数值超过阈值时，要么对梯度进行缩放（称作梯度缩放），以缓解梯度消失或梯度爆炸的趋势，要么强制将梯度值更改为特定的最小值或最大值（称作梯度裁剪）；还可以采用批标准化（batch normalization）的方式，逐层对通过的数据进行归一化；甚至可以构建新的神经网络，并通过利用神经网络的结构和神经元中计算的新定义，来规避梯度消失或梯度爆炸的问题。

对于现有的神经网络，比如前面介绍的全连接神经网络，用其他激活函数替换sigmoid函数也是一种不错的选择。

4. 其他激活函数

tanh函数具有和sigmoid函数类似的优点，虽然梯度衰退的速度更慢，但仍然有梯度消失的可能。此外，tanh函数也涉及指数运算，计算成本也不低。

于是，计算简单且可以规避梯度消失问题的ReLU（Rectified Linear Unit）函数被提出。ReLU源于神经科学领域的研究。2001年，Dayan和Abott从生物学角度模拟出脑神经元接收信号更精确的激活模型。他们以此为基础，提出了ReLU函数。

ReLU函数的形式非常简单，就是$f(x) = \max(x,0)$。ReLU函数是分段线性函数，旨在将所有的负值都转变为0，正值则不变。显然，ReLU函数的梯度非0即1。当梯度为1时，叠加操作不会导致梯度衰减或膨胀，从而使得模型的收敛速度维持在一个稳定状态，缓解了梯度消失问题；而当梯度为0时，ReLU函数本身的输出就是0。也就是说，当把ReLU函数作为激活函数时，一旦由于梯度为0而无法更新某个神经元的参数，该神经元的输出就是0。这种性质叫作单侧抑制，它使得神经网络中的神经元有了稀疏激活性。在深度神经网络模型中，当模型增加到N层之后，理论上，ReLU神经元的激活率将只有原来的$1/2^N$。实践证明，实现稀疏后的模型能够更好地挖掘相关特征并拟合训练数据，这就从结构上缓解了过拟合的问题。

ReLU函数的这些优点使得它得到了大量的应用。但ReLU函数也有明显的缺点：它对参数初始化和学习率十分敏感。考虑一种极端情形，当所有的加权值都小于0时，所有的神经元都将"死亡"。为了克服ReLU函数的这个缺点，人们又提出LeakyReLU函数、ELU函数等，它们是ReLU函数的变体。

激活函数多种多样，如何选择激活函数是运用神经网络的关键点之一。当经验不足时，可以尝试选用简单的ReLU函数或LeakyReLU函数，也可以根据前人的经验，选择已经被验证有效的神经网络结构和激活函数。

7.4.4 深度神经网络与深度学习

1. 从浅层神经网络到深度神经网络

介绍完激活函数，我们再来看看神经网络的层数。在计算神经网络的层数时，只统计隐含层和输出层的数量，而不统计输入层的数量，而且这种计数方式并不只针对全连接神经网络，所有类型的神经网络都是如此。在标记每一层是第几层时，我们可以将输入层标为0。

一般来说，我们把仅包含一两个隐含层的神经网络称为浅层神经网络，相应地，包含更多隐含层的神经网络则被称作深度神经网络。深度神经网络相较于浅层神经网络拥有更多的参数，而且网络层次越多，对信息的抽象程度越高，模型的表达能力也就越强。当然，这些优势能够发挥出来的前提是数据量足够大。

2. 深度学习

深度学习，顾名思义，就是以深度神经网络为架构，对数据进行表征学习。

所谓表征学习，就是学习如何提取数据特征。换言之，不对数据进行人工的特征提取，而允许计算机学习如何提取特征。相较于统计学习中依赖领域知识和人力的特征筛选方法，深度学习可以通过自动的方式提取出关键特征，优势非常明显。

目前，人工智能领域最令人瞩目的一个分支就是深度学习。随着其流行程度的不断增加，深度学习被运用到越来越多的行业和领域。

3. 利用深度学习框架构建神经网络

神经网络的原理如此复杂，编写和训练程序是不是非常困难？其实不然，因为现在有了深度学习框架。简单来说，深度学习框架封装了各种运算功能，它们通过将简洁的接口暴露给用户，使用户能够利用非常简单的代码，构造出所需的神经网络，并进行训练和预测。

深度学习框架不止一种，不同的深度学习框架，其特色也不尽相同。TensorFlow是一种著名的深度学习框架。它起初是谷歌公司内部的一个研究项目，于2015年开源。2019年，谷歌公司发布了TensorFlow 2.0。TensorFlow不仅支持Python调用，而且能在迁移时被转换为可供其他编程语言调用的格式。

从底层的分配硬件计算资源，到顶层的高层次模型构建，TensorFlow有一套垂直分级的设计，使得用户可以根据自己的需求选择不同层次的API（类对象和方法）进行编程，并全方位地管理系统的每一个方面。位于顶层的tf.keras为用户提供了一种方法，用户可以通过短短的几行代码，实例化一个神经网络模型的类对象。tf.keras完全免除了需要从定义类开始编程的麻烦，极大地节省了用户的时间，也提高了建模的效率。

下面的代码展示了通过tf.keras构建一个双层全连接神经网络的过程。

```
model = tf.keras.Sequential([
    tf.keras.layers.Flatten(input_shape=(28, 28)),
```

```
    tf.keras.layers.Dense(64, activation='relu'),
    tf.keras.layers.Dense(10, activation='softmax')
])

model.summary()
model.compile(optimizer='adam', loss='categorical_crossentropy',
              metrics=['accuracy'])
```

在构造好网络结构之后，需要用数据来训练神经网络。下面的代码展示了如何自动下载TensorFlow项目提供的mnist数据集，该数据集被分成了训练集和测试集两部分。

```
(train_X, train_Y), (test_X, test_Y) = mnist.load_data()
train_Y_categorical = utils.to_categorical(train_Y)
test_Y_categorical = utils.to_categorical(test_Y)

print("Training data shape: ", train_X.shape)
print("Training labels shape: ", train_Y.shape)
print("Test data shape: ", test_X.shape)
print("Test labels shape: ", test_Y.shape)
```

然后就可以开始训练神经网络了，代码如下。

```
history = model.fit(train_X, train_Y_categorical, epochs=10,
                    validation_split=0.33)
print(history.history.keys())
```

可以通过可视化的手段展示训练过程中损失函数值与准确率的变化，代码如下。

```
dict_keys(['loss', 'accuracy', 'val_loss', 'val_accuracy'])

fig = plt.figure(figsize=(15,4))

fig.add_subplot(121)
plt.plot(history.history['accuracy'])
plt.plot(history.history['val_accuracy'])
plt.legend(['Training accuracy', 'Validation accuracy'])
plt.title('Training and validation accuracy')
plt.xlabel('Epoch Number')
plt.ylabel('Accuracy')
```

```
fig.add_subplot(122)
plt.plot(history.history['loss'])
plt.plot(history.history['val_loss'])
plt.legend(['Training loss', 'Validation loss'])
plt.title('Training and validation loss')
plt.xlabel('Epoch Number')
plt.ylabel('Loss')
plt.show()
```

接下来，用训练好的模型对测试集中的数据进行推理，代码如下。

```
predict = model.predict(test_X[:1,:,:])
print('Predict shape: ', predict.shape)
print('Prediction for first test image: \n', predict[0])
print('Classification of the first test image: digit ',np.
        argmax(predict[0]))
```

一个看似非常复杂的神经网络构建、训练与推理过程，仅用以上代码就可以完成了。

7.5 更多类型的神经网络

为了应用深度学习，下面我们再来简要地认识几种其他类型的神经网络。

7.5.1 卷积神经网络

卷积神经网络（Convolutional Neural Network，CNN）是一种具有局部连接、权重共享等特性的前馈神经网络。卷积是一种运算，简单而言，就是将一个小矩阵覆盖在一个大矩阵上，用小矩阵中每个单元的值与大矩阵中相应的值相乘，然后累加，将得出的结果按照相对位置计入另一个小矩阵。这就是卷积运算的过程。其中，最开始的那个小矩阵被称为卷积核，有时也被称为滤波器，因为卷积计算也是信号处理的一种手段。

卷积神经网络由卷积层、池化层和全连接层构成，如图7-9所示。以卷积运算作为神经元数据处理方法的隐含层被称为卷积层。卷积层的作用是提取一个局部区域的特征，不同的卷积核相当于不同的特征提取器。池化层的作用则可以简单地理解为采样，即通过采样来压缩卷积层的输出数据。顾名思义，全连接层是全连接网络中的一层。

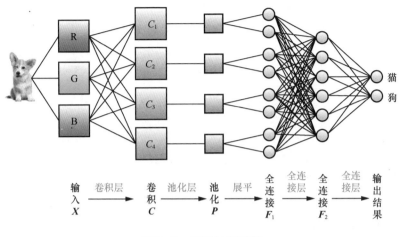

图7-9　卷积神经网络

对卷积神经网络的研究可以追溯到20世纪70年代末。到了20世纪90年代，卷积神经网络在手写识别和图像处理领域发挥了巨大的作用。后来，卷积神经网络又被用于图像处理，并逐渐扩展到自然语言处理、药物发现等更多领域。卷积神经网络是目前十分常用的一种神经网络。

7.5.2　循环神经网络

循环神经网络（Recurrent Neural Network，RNN）一般用于处理序列数据。前馈神经网络中的数据是单向传播的，它的每次输出只依赖当前的输入，而且输入和输出都是定长数据。但在很多现实任务中，当前输出不仅和此刻的输入相关，也和神经网络过去一段时间的输入或输出相关，最典型的就是视频、语音、文本等时序数据。比如，对视频中某个人物行为的判别不能只依赖最后一帧，还要兼顾之前一段时间的画面。这类数据往往是不定长数据。循环神经网络就是为了处理这类数据而发明出来的。

循环神经网络中的神经元不但可以接收其他神经元的信息，也可以接收自身的信息，从而形成具有环路的网络结构，如图7-10所示。和前馈神经网络相比，循环神经网络更符合生物神经网络的结构，也就是更加"仿真"。

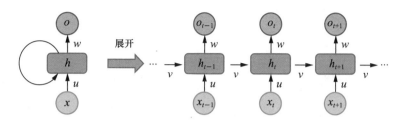

图7-10 循环神经网络

对循环神经网络的研究始于20世纪80年代。进入21世纪后，随着神经网络进入第三次高潮期，循环神经网络也成为研究的热点。此后一段时间里，循环神经网络被广泛应用于语音处理、自然语言处理等领域。

7.5.3 LSTM网络

LSTM（Long Short-Term Memory，长短期记忆）网络（见图7-11）是循环神经网络的一种，于1997年由德国学者Hochreiter和Schmidhuber提出。

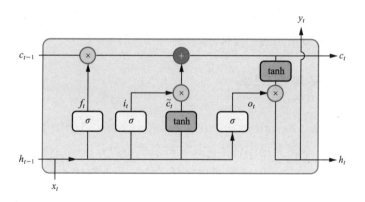

图7-11 LSTM网络

通常情况下，LSTM单元由一个计算单元、一个输入门、一个输出门和一个遗忘门组成。输入门、输出门和遗忘门控制出入计算单元的信息流。基于这种独特的设计结构，LSTM网络比较适合用于解决长序列训练过程中的梯度消失和梯度爆炸问题。简单来说，LSTM网络在更长的序列中有更好的表现，它能够选择性地"忘掉"不重要的信息，而将重要的信息保留下来。

LSTM网络不同于普通的循环神经网络，后者只会简单地堆叠记忆。因此，

LSTM网络被大量地应用于手写识别、语音识别、语音合成以及自然语言处理。但因为参数比较多，LSTM网络的训练相对更加困难。

7.5.4 GRU 网络

GRU（Gate Recurrent Unit，门控循环单元）网络（见图7-12）于2014年由Bengio团队的Cho等人提出，可以视为LSTM网络的一种变体。GRU网络的原理与LSTM网络非常相似，也用门控机制控制输入、记忆等信息。但GRU只有两个门——重置门和更新门，前者决定了如何将新的输入信息与前面的记忆相结合，后者则定义了记忆保存到当前的量。因为比LSTM少了一个门，参数也相应地少了，所以GRU的结构比LSTM简单，训练速度大幅提高，而效果几乎没有变差。

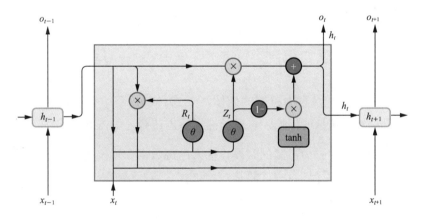

图7-12　GRU网络

7.5.5 注意力机制

日常生活中，我们在关注不同的事物时投入的注意力是不同的。比如在泛读的时候，我们可能不会一字一句地读文章，而是仅浏览部分词句。类似的现象还有很多，这种选择性地关注一部分信息，而忽略其他信息的行为，在认知科学中被称为注意力机制。这种机制能帮助我们从海量数据中迅速获得重要信息，从而有效地分配稀缺的数据处理资源——人脑。

同样的原理也被应用到神经网络的训练当中，这就是神经网络的注意力机制（Attention Mechanism）——计算能力有限情况下的一种资源分配方案，由

Bengio团队的Bahdanau等人于2014年提出。注意力机制的核心原则是将计算资源分配给更重要的任务。在神经网络中引入注意力机制（见图7-13），可以对输入信息的各个部分赋予不同的权重，并通过学习获得权重值，从而能够在众多的输入信息中聚焦于权重高的信息，也就是那些对当前任务更关键的信息，同时过滤掉无关信息，进而解决信息过载问题，并提高任务处理的效率和准确性，而不会带来更多的计算或存储开销。注意力机制目前已经被广泛应用于各个领域。

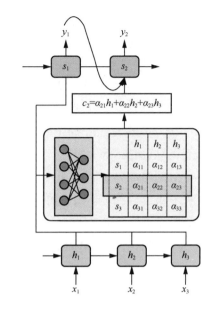

图7-13 在神经网络中引入注意力机制

7.5.6 自注意力机制

自注意力机制是注意力机制的变体，于2017年由谷歌公司提出。自注意力机制减少了对外部信息的依赖，更擅长捕捉数据或特征的内部相关性。

一般我们在说注意力机制的时候，输入的源数据和输出的目标数据的内容是不同的。比如，在翻译场景中，源是一种语言，目标是另一种语言，注意力机制发生在目标数据和源数据的所有元素之间，而自注意力机制则是源数据内部各元素之间或者目标数据内部各元素之间发生的注意力机制。简单而言，自注意力机制是关于一个信息序列中不同位置的信息的注意力机制。

自注意力机制已经在机器阅读、摘要总结、图像描述生成等领域显示出强大的能力。

7.5.7 Transformer

Transformer是一种基于自注意力机制的深度学习网络架构，于2017年由谷歌公司的一支研发团队提出。虽然也被设计用来处理诸如自然语言这样的顺序输入数据，但Transformer摒弃了传统的卷积神经网络和循环神经网络，完全由自注意力机制和前馈神经网络组成。Transformer采用了编码器–解码器结构，

图 7-14 展示了编码器和解码器的组成。

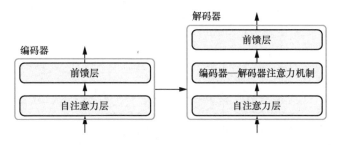

图 7-14　编码器和解码器的组成

编码器和解码器都由多个相同的模块堆叠而成。其中，编码器的每个模块又由两个子模块组成，这两个子模块分别是自注意力模块和一个前馈神经网络层；而解码器的每个模块则由 3 个子模块组成，这 3 个子模块分别是自注意力模块、编码器–解码器交互模块和一个前馈神经网络层。

当我们输入一个序列数据后，编码器就会对该序列数据进行编码，然后将编码结果传给解码器进行解码，解码后便得到了另一个序列数据。输入的序列数据和输出的序列数据是等价的，但它们各自又属于不同的空间。例如，输入是一个中文句子，输出则是翻译后的英文句子。

Transformer 本身的复杂程度以及它适用于并行化计算的特点，使得它在精度和性能上都要高于之前流行的循环神经网络。目前，Transformer 已被大量应用于翻译、文本总结等自然语言处理任务。另外，Transformer 在计算机视觉领域的应用也颇有成效。

7.6 经典的神经网络模型

在了解了不同神经网络的架构和机制之后，让我们一起来认识几种在具体应用领域非常经典的神经网络模型。

7.6.1 图像处理领域的经典神经网络模型

1. AlexNet

AlexNet 是由 Geoffrey Hinton 和他的学生 Alex Krizhevsky 在 2012 年通过论文

"ImageNet Classification with Deep Convolutional Neural Networks"提出的一种卷积神经网络模型。AlexNet包含8层，前5层是卷积层，其中部分层有最大池化层跟随，剩下3层是全连接层，如图7-15所示。

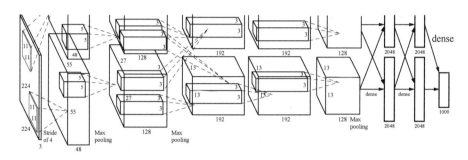

图7-15　AlexNet结构图

AlexNet采用ReLU函数作为激活函数。与之前的大多数卷积神经网络采用平均池化不同，AlexNet采用了最大池化，而且是重叠的最大池化，从而提升了特征的丰富性。AlexNet还在训练时使用了Dropout方法，即通过随机地忽略部分神经元来达到避免过拟合的效果，颇为成功。在进行训练的过程中，AlexNet则采用CUDA（Compute Unified Device Architecture）加速技术，利用GPU的强大并行能力进行计算。

AlexNet包含65万个神经元、6.3亿个连接和大约6000万个参数。2012年，AlexNet赢得ImageNet大规模视觉识别挑战赛（ImageNet Large Scale Visual Recognition Challenge，ILSVRC）的冠军，预测的错误率仅为15.3%，比第二名低10.8个百分点。就学术成就而言，AlexNet被认为是计算机视觉领域最具影响力的深度学习模型。

在工业界，AlexNet被应用到各式各样的图像分类任务中，如玉米叶病害识别、可回收服装分类、油井示功图分类等。此外，AlexNet还被应用于人脸检测与识别这类常见的图像识别任务中。

2. ResNet

ResNet是由何恺明等人通过论文"Deep Residual Learning for Image Recognition"提出的深度学习模型，它是继AlexNet之后计算机视觉领域和深度学习领域的又一里程碑。

ResNet的主要思想是在神经网络中增加直连通道。传统的卷积网络或全连接网络在进行信息传递的时候或多或少地存在信息丢失、损耗等问题，还会出现梯度消失或梯度爆炸的问题，导致无法训练很深的神经网络。

如图7-16所示，ResNet通过直接将输入信息绕道传递到输出来保护信息的完整性，整个神经网络只需要学习输入和输出有差别的部分，从而简化了学习目标和难度。ResNet有很多的旁路，旨在将输入直接连接到后面的层，这种结构也称为残差连接（Residual Connection）或跳跃连接（Skip Connection），简称残差。这种结构有点类似于电路中的短路，实现了从神经网络中的某一层获取激活，然后"跳跃"地反馈给另一层。这使得ResNet大幅缓解了梯度消失或梯度爆炸的问题，从而可以训练包含数百甚至数千层的神经网络。

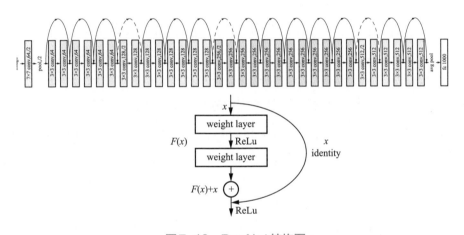

图7-16 ResNet结构图

ResNet用到两种残差模块：一种以两个3×3的卷积网络串接在一起而形成，另一种以1×1、3×3、1×1的3个卷积网络串接在一起而形成。ResNet可以有不同的层数，比较常见的是50层、101层和152层的ResNet，它们都是通过将残差模块堆叠在一起而实现的。

2015年，何恺明团队通过叠加残差模块，成功训练出152层的ResNet，并在当年的ImageNet大规模视觉识别挑战赛上夺得冠军，预测的错误率仅为3.57%，效果非常突出。

ResNet的结构使得我们可以极快地进行神经网络的训练，而且ResNet的推广性非常好。由于具有强大的表征能力，ResNet提升了图像分类、目标检测、人脸识别等许多计算机视觉任务的性能。

需要说明的是，图像处理领域的经典神经网络模型特别多，比如VGG、InceptionNet等，希望读者有时间能够自主地进行扩展学习。

7.6.2 语音处理领域的经典神经网络模型

1. LAS

LAS（Listen, Attend and Spell，倾听、注意和拼写）是一个用于语音识别的神经网络模型。传统的语音识别系统在提取完语音特征后，一般还要经过声学模型、发音模型和语言模型进行3个独立的预测过程，然后求3个输出概率的乘积，得到总的概率并作为识别结果。

声学模型、发音模型和语言模型需要相互独立训练，过程异常复杂，而且将结果相乘会导致误差以指数形式叠加。我们希望能用一个端到端的模型来包含所有的步骤，有了这样一个模型，我们就可以直接输入语音或其频谱来生成文本。如此一来，无论是推理的过程还是训练的过程，就都得到了简化。

端到端的模型有多种，LAS是其中一种。LAS是在2016年由卡内基梅隆大学的学者William Chan和Google Brain（谷歌大脑）团队通过论文"Listen, Attend and Spell: a Neural Network for Large Vocabulary Conversational Speech Recognition"共同提出的，它利用了注意力机制来进行有效的语音和文字对齐。

LAS主要包含两大部分：Listener和Speller。Listener相当于编码器，它利用多层循环神经网络从输入序列中提取隐藏特征。Speller则相当于解码器，它利用注意力机制来得到上下文向量，然后基于上下文向量和之前的输出，产生相应的最终输出。

LAS考虑了上下文的所有信息，所以它的精确度相比其他模型更高。但与此同时，由于需要上下文信息，LAS无法进行流式的语音识别。另外，输入的语音长度对LAS的准确度也会有较大的影响。即便有这些缺点，LAS还是启发了后来众多端到端语音识别模型的研究。

2. Tacotron-WaveNet

Tacotron-WaveNet是第一个端到端的语音合成神经网络模型，由Google

Brain团队在2017年通过论文"Natural TTS Synthesis by Conditioning WaveNet on Mel Spectrogram Predictions"提出。简单而言,Tacotron-WaveNet的核心就是循环的Seq2Seq预测网络和注意力机制。如图7-17所示,Tacotron-WaveNet接收文本序列作为输入,并直接输出编码的语音特征序列。然后利用声码器,根据语音特征合成时域语音波形,输出语音。

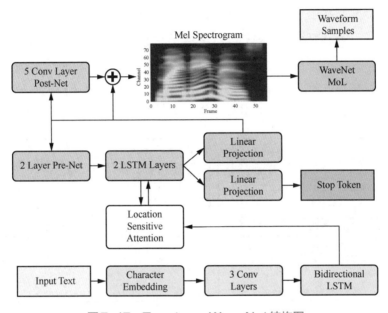

图7-17 Tacotron-WaveNet结构图

Tacotron-WaveNet在生成语音的过程中,不仅能捕捉单词的发音,还能体现人类语音的微妙变化,包括音量、语速和语调等。Tacotron-WaveNet是近些年语音合成的主流模型。

7.6.3 自然语言处理领域的经典神经网络模型

BERT(Bidirectional Encoder Representations from Transformers)是一种基于双向Transformer编码器的预训练模型,于2018年由Google AI(谷歌人工智能团队)通过论文"BERT: Pre-training of Deep Bidirectional Transformers for Language Understanding"提出,主要应用于自然语言处理领域。

BERT起源于上下文表示预训练。与之前介绍的模型不同，BERT模型是一种深度双向的无监督语言表示模型，且仅使用纯文本语料库进行预训练。BERT模型能够根据上下文的句意为同一个词提供不同的词向量。

BERT模型使用的是多层Transformer结构。具体而言，BERT模型使用了Transformer的编码器一侧的网络。编码器中的自注意力机制在编码一个字符的时候，会同时利用这个字符的上下文字符，这是双向的一种体现。

如图7-18所示，BERT模型的训练过程包括预训练（pre-training）和微调（fine-tuning）两个阶段。预训练是在无标注的数据上进行的，得到预训练模型。微调则是基于预训练模型进行的，换言之，微调需要用预训练模型的参数进行BERT模型的初始化，再用有标注的数据对BERT模型进行训练。

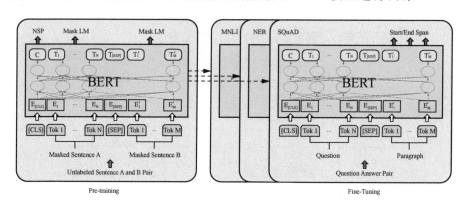

图7-18　BERT模型的训练过程

BERT模型甫一提出，便在机器阅读理解领域的顶级水平测试SQuAD1.1中表现惊人——它在衡量指标上全面超越人类对手，之后又在包括GLUE、SWAG在内的11种不同的自然语言处理测试中表现卓越，成为自然语言处理领域的又一个里程碑。

在2018年之后的一段时间里，BERT模型已经成为自然语言处理应用的主流，大部分处理文本的人工智能任务就是采用BERT模型来完成的。

7.7　深度学习面临的挑战

深度学习面临传统机器学习所没有或不显著的诸多挑战。首先，深度神经网络可能非常复杂，参数量可能达到几百万、几千万甚至几百亿、几千亿个，可以预见这样的模型的训练速度会有多慢。其次，建模能力太强可能导致对噪声进行建模，因为深度神经网络的训练需要大量的数据，噪声是难免的，对噪声建模会导致过拟合，影响模型在实际数据上的性能和泛化能力。

另外，神经网络的损失函数是非凸函数，这导致训练容易陷入局部最优。一些特殊结构的深度神经网络，如GAN（Generative Adversarial Net，生成对抗网络）、DRL（Deep Reinforcement Learning，深度强化学习），可能更加难以收敛。

这些挑战固然存在，但深度学习经历了数十年的发展，业界积累了大量的理论和技术，深度学习的发展方向趋于多元化。一方面，大量产品正处于研发阶段；另一方面，计算机科学家在进行更加细致的研究。相信在不久的将来，深度学习一定能够取得更多的成就。

第8章
训练深度神经网络

第7章介绍了神经网络的基础知识，本章介绍如何训练深度神经网络。在本章中，我们将学习有关模型训练的一些重要概念，包括数据预处理、权重初始化、模型优化算法、正则化、学习率和提前停止等。深度神经网络难以训练，主要是因为深度神经网络具有如下特点。

- 模型复杂度高，参数多，难以优化。
- 模型训练时间长，资源占用多。
- 损失函数是非凸函数，容易陷入局部最优。
- 模型能力太强，容易过拟合。

因此，我们需要借助一些手段来提高深度神经网络的训练效率。

8.1 数据预处理

数据预处理对模型训练的效率有很大的影响。数据预处理的范围非常广泛，包括处理缺失值、异常值、标签编码等。本节着重分析数据标准化的方法，以及数据标准化在模型训练中的效果。

8.1.1 几种常见的数据预处理方式

中心化是一种常见的数据预处理方式，具体操作非常简单，就是用特征值减去均值，如式8-1所示。

$$X_{new} = X - \text{mean}(X) \qquad （式8-1）$$

标准化是另一种常见的数据预处理方式，旨在使特征变得符合正态分布，具体操作是用特征值减去均值，再除以标准差，如式8-2所示。

$$X_{\text{new}} = \frac{X - \text{mean}(X)}{\text{standard\_deviation}(X)} \qquad \text{（式 8-2）}$$

最小-最大标准化是一种特殊的标准化，旨在将特征缩放到0和1之间，如式8-3所示。

$$X_{\text{new}} = \frac{X - \min(X)}{\max(X) - \min(X)} \qquad \text{（式 8-3）}$$

图8-1所示为不同的数据预处理方式的结果对比。原始特征的中心位于点(10,-5)，x轴特征和y轴特征的相关系数是0.5。中心化后的特征的中心位于点(0,0)，x轴特征和y轴特征的相关系数依然是0.5。最小-最大标准化后的特征的中心位于点(0.5,0.5)，x轴特征和y轴特征的相关系数为1，特征全部集中在0和1之间。而普通标准化后的特征的中心位于点(0,0)，x轴特征和y轴特征的方差是1，相关系数也为1。可以看出，这些数据预处理方式都会把特征移到原点附近，并且除了中心化以外，其他数据预处理方式还会对特征进行一定程度的缩放。

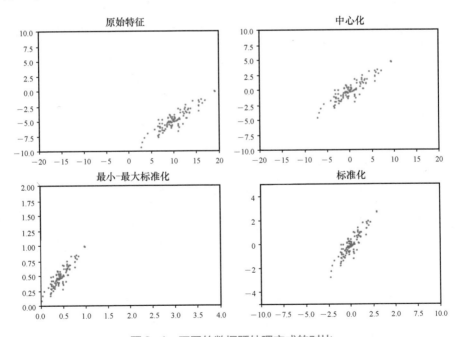

图8-1 不同的数据预处理方式的对比

8.1.2 数据预处理对模型训练的影响

数据预处理可以加速模型的训练，并允许我们使用相对更大的学习率。下面我们对此进行解释并通过实验加以证明。

一种解释是，神经元可以表示成一个线性函数和一个激活函数的组合，每个参数的导数和模型的输入正相关。如果不对数据进行预处理，那么当输入是很大的值或很小的值时，神经元的导数就可能过大或过小，导致模型难以训练。同时，为了使模型能够收敛，通常需要相应地调整学习率。

图8-2给出了另一种解释。考虑使用线性分类器划分图8-2中不同颜色的点。左图没有对数据进行预处理，数据不在原点附近；右图则对数据进行了中心化，数据集中在原点附近。图中的红线代表分类模型。很明显，左图对模型参数的改变（斜率）更敏感，模型参数变化稍大就有可能导致分类错误。相应地，这种对参数敏感的模型训练难度也更大。

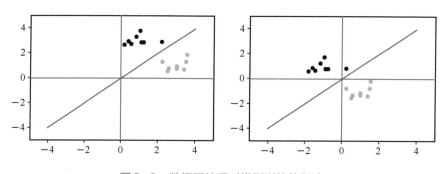

图8-2 数据预处理对模型训练的影响

解释完之后，下面让我们用一个实验来加以证明。这里以标准化为例，其他数据预处理方式可以得出类似的结论。如图8-3所示，我们的任务是用线性回归模型拟合4个数据点。

首先看左上图，这里使用原始数据和0.01的学习率迭代了200次，可以看到，迭代200次的模型结果和数据点距离很远。观察左上图的纵坐标，比例尺是$1:10^{292}$，这说明左上图的模型不能收敛，只能振荡发散。前面提到过，当模型的梯度过大时，就会出现不收敛的问题。为了解决这个问题，可以减小模型的学习率。

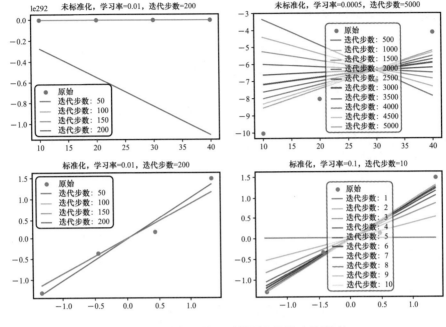

图8-3 数据预处理对模型收敛速度的影响

接着看右上图，使用相同的原始数据，但把学习率调小到0.0005，并且迭代5000次。因为如果只迭代200次，模型的训练就会很不充分。可以看到，当迭代5000次的时候，右上图中青色的线比较接近图中的4个数据点，而且模型变化的趋势是正确的。

接下来看左下图，这里对数据进行了标准化，其他的配置和左上图是一样的，即学习率是0.01，迭代200次。可以发现，除了代表第49次迭代的蓝色线，其他3条线是重叠的，这意味着模型其实只需要不到100次迭代就可以得到充分的训练，体现了标准化数据的优势。前面讲过，数据标准化允许我们选用更大的学习率。最后让我们来看一下，当把模型的学习率从0.01调到0.1时会怎样。

观察右下图，只迭代了10次，模型最终的输出（青色线）就已经能够非常好地拟合目标点了。这说明进行标准化并使用0.1的学习率时，只需要迭代10次左右就可以基本完成模型的训练，速度是右上图模型的好几百倍。

8.2 权重初始化

8.2.1 权重初始化对模型训练的影响

除了数据处理，权重初始化对模型训练也有非常大的影响。回顾一下，梯度下降法的第一步是对参数进行随机初始化，那么在深度学习中，我们也可以这么做吗？答案是不可以。

图8-4给出了一个抽象的神经网络，这里假设激活函数是线性的，则该神经网络第L层的输出等于输入与前$L-1$层参数的乘积。问题是，如果所有层的参数都小于1或远大于1，那么这个神经网络的输出就会过小或过大，并且是一个指数级的变化。

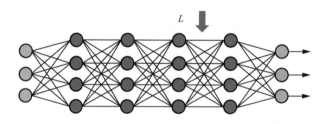

图8-4 一个抽象的神经网络

前面讲过，对于神经元来说，梯度的大小和输入正相关。也就是说，第$L+1$层的梯度受第L层输出的影响。当第L层的输出过大或过小时，就会出现梯度爆炸或梯度消失的问题，影响模型的训练。

因此，对于深度学习模型来说，模型的参数不能任意初始化，否则可能导致模型难以训练。既然如此，我们应该如何对模型进行初始化呢？

8.2.2 对模型进行初始化的方法

首先，考虑把所有的参数都初始化为0。将参数初始化为0会出现梯度消失的问题，降低训练效率。更为严重的是，这种初始化方式会导致同一层的神经元完全相同，从而限制模型的表达能力。显然，这种方法不可行。

其次，可以考虑从随机正态分布中以抽样方式对模型进行初始化，我们通常选用均值为0、方差为0.01的正态分布。但是，这种初始化方式对层数较多的模型效果不太好，模型的输出会受到隐含层所包含神经元数量的影响，模型越深，影响越大。

图8-5给出了两个不同的模型：上方是一个7×5的模型，也就是说，该模型有7层，每一层有5个神经元；下方是一个7×200的模型，该模型也有7层，每一层有200个神经元。图8-5中的子图描述了每一层神经元的输出值的分布情况。注意，所有的参数都是使用均值为0、方差为0.01的正态分布进行初始化的。

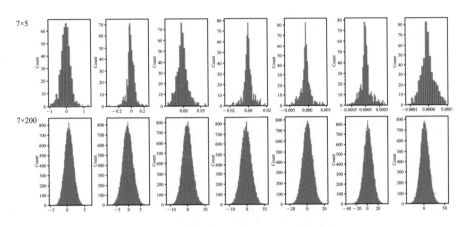

图8-5　神经网络隐含层激活值的分布

仔细观察可以发现，对于7×5的模型，每一层的输出值在不断减小：取值范围从第一层的(-1,1)到最后一层的(-0.0001,0.0001)，输出值变成了原来的万分之一。这说明这种初始化方法会导致这种模型出现梯度消失的问题。而对于7×200的模型，每一层的输出值都在变大，取值范围从第一层的(-5,5)到最后一层的(-50,50)，输出值变成了原来的10倍，模型表现出梯度爆炸的趋势。这个例子使用了线性激活函数，若使用更复杂一些的激活函数，问题会更加明显。

那么，到底应该如何对权重进行初始化呢？首先，我们需要清楚什么样的初始化才是好的初始化。回顾一下，预处理过的数据有利于模型的训练。对于神经网络来说，前一层的输出就是当前层的输入，我们期望每一层神经元的输出数据和输入数据的方差相同。这样神经网络的激活值就能保持稳定，从而有利于模型的训练。

正是基于这样的目标，科学家提出了Xavier初始化。Xavier初始化发布于

2010年，彼时还没有非对称激活函数（如ReLU函数）。Xavier初始化是在对称激活函数的基础上，通过理论推导得出的。式8-4是Xavier初始化的简化形式，即只考虑正向传播的稳定性，其中n为神经元的输入维度。很容易证明，在使用式8-4对权重进行初始化之后，神经元的输入方差和输出方差相同。

$$w^{[l]} = \text{normal}\left(0, \frac{1}{n^{[l-1]}}\right) \qquad \text{（式8-4）}$$

式8-4只考虑了正向传播的稳定性，但是Xavier初始化还需要考虑反向传播的稳定性。式8-5是Xavier初始化的一般形式，即不但考虑正向传播的方差稳定性，还考虑反向传播的梯度方差稳定性。

$$w^{[l]} = \text{uniform}\left(-\sqrt{\frac{6}{n^{[l-1]}+n^{[l]}}}, \sqrt{\frac{6}{n^{[l-1]}+n^{[l]}}}\right) \qquad \text{（式8-5）}$$

式8-6使用正态分布随机数采样代替了均匀分布。式8-5和式8-6的方差是相同的，所以它们能够达到相同的效果。在实践中，式8-6应用得较多。通过观察式8-4～式8-6可以发现，无论哪种形式，偏置都被初始化为0。

$$w^{[l]} = \text{normal}\left(0, \frac{2}{n^{[l-1]}+n^{[l]}}\right) \qquad \text{（式8-6）}$$

Xavier初始化取得了较大的成功，但Xavier初始化只考虑了对称的激活函数。当使用ReLU函数时，Xavier初始化的特性就会被破坏，因为ReLU函数会屏蔽大约一半的输入（小于0的那部分输入）。在这种情况下，可以采用He初始化（由何恺明等人提出），又称MSRA初始化。MSRA初始化和Xavier初始化的区别仅仅在于方差变成了原来的两倍。对MSRA初始化感兴趣的读者，可阅读相关资料来了解更多信息。

良好的权重初始化不仅可以加速模型的训练，也可以缓解模型陷入局部最优的问题。权重初始化是深度神经网络训练过程中非常重要的一个因素。

8.3 模型优化算法

模型在进行权重初始化后，进入模型训练过程。使用什么算法训练模型呢？在介绍线性回归模型时我们曾提到，梯度下降法是深度神经网络默认的优化算法。随机梯度下降法对梯度下降法做了一些改进，这些改进可以极大加速深度神经网络的训练，并且带来了一些其他的好处。另外，还有作为优化器的 AdaGrad、RMSProp 和 Adam 算法等。

8.3.1　梯度下降法

先来回顾一下梯度下降法。梯度下降法的执行过程如下。

（1）随机初始化参数 a 和 b。

（2）设置学习率 γ，这是一个超参数。

（3）利用样本数据计算 $\dfrac{\partial J(a,b)}{\partial a}$ 和 $\dfrac{\partial J(a,b)}{\partial b}$。

（4）更新 $a_{\text{new}} = a_{\text{old}} - \gamma \dfrac{\partial J(a,b)}{\partial a}$ 和 $b_{\text{new}} = b_{\text{old}} - \gamma \dfrac{\partial J(a,b)}{\partial b}$。

（5）返回到步骤（3）进行迭代计算。

我们只需要根据损失函数计算出每一个参数的偏导数，然后依次更新每个参数即可。通常情况下，在计算损失函数的时候，所有输入数据的损失都将被累加。同样，在计算梯度时，全部的训练数据也都需要考虑在内。这就是最基础的梯度下降，有时也叫批量梯度下降。对于小的模型（如线性回归模型）来说，这种计算是没有问题的；但是对于深度神经网络来说，这种全局的损失计算通常是有难度的。下面我们来具体看一下难在哪里，以及怎么解决。

首先来看一下传统梯度下降法的优势和劣势。因为使用全体样本进行梯度的计算，所以计算结果更准确，而且是无偏的。但是，为了保证计算的速度，算法在实现时一般要求把单批训练数据同时读取到内存/显存中，再进行矩阵运算。因此，传统梯度下降法的内存需求和数据集的大小成正比。对于深度神经网络来说，数据集通常很大，现有的硬件无法支撑这种计算。

为了解决内存问题，深度神经网络通常使用随机梯度下降法。"随机梯度下降"有时泛指单样本和小批量随机梯度下降，有时则单指单样本随机梯度下降。我们这里所说的随机梯度下降是广义上的概念。随机梯度下降和梯度下降的区别就在于前者使用小批量样本进行损失和梯度的计算。随机梯度下降法的好处是内存要求变低了，而且随机梯度的期望和正确的梯度一致。随机梯度下降法的不足也很明显，就是计算出来的梯度具有随机性，这会增大模型训练的难度。

接下来看看随机梯度下降法是如何工作的。在实践中，我们基本不会使用单样本随机梯度下降法，而是使用小批量随机梯度下降法。设batch size（batch size也是一个超参数，表示批量大小）为t，小批量随机梯度下降法会将训练数据分成若干份（见图8-6），每一份包含t个数据，并在每一步使用一份数据计算参数的梯度，然后对参数进行更新。当遍历完一次训练集时，就称训练了一个轮次（epoch）。需要注意的是，在实际操作中，数据集的划分是随机的，不同轮次之间也是不同的。通常来说，在硬件条件允许的范围内，batch size越大越好，因为大的batch size可以减小梯度的偏差。

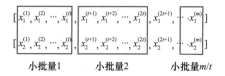

图8-6　训练数据被划分成m/t份

梯度下降法存在一些问题，会导致实际训练时效果不佳。图8-7给出了梯度下降法的优化轨迹，颜色越深，损失越小，这些椭圆形等高线代表损失在不同方向上的变化速度相差很大。这会导致训练在纵轴方向振荡，而在横轴方向进展缓慢，

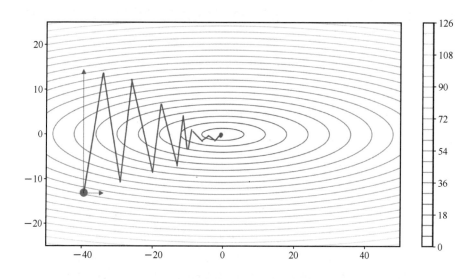

图8-7　梯度下降法的优化轨迹

不仅影响模型的训练速度，也会限制模型学习率的选择。这还只是一个二维特征，在深度学习中，特征数以万计，因此这个问题的影响会更大。

事实上，前面介绍的数据预处理和权重初始化都能缓解这个问题，稍后我们将看到如何通过调整优化算法来缓解这个问题。

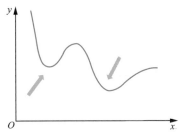

梯度下降法的第二个问题是容易陷入局部最优。前面在介绍线性回归模型时曾提到，线性回归模型的损失函数是凸函数，凸函数有全局最优解。但是，对于深度神经网络来说，模型更加复杂，模型的损失函数并不能保证是凸函数。非凸函数存在局部最优解。观察图8-8，左侧箭头指向的位置就是一个局部最优点。当使用梯度下降法的时候，由于这个位置的梯度为0，模型不再更新，从而陷入局部最优。

图8-8　一维空间中的局部最优

二维空间中的局部最优如图8-9所示，其中红色的点叫作鞍点（因整个图形看起来像马鞍而得名）。可以看到，鞍点在其中的一维特征上是最小点，但它在另一维特征上是最大点。由于这个位置的梯度为0，因此梯度下降法仍然有可能收敛到这里。

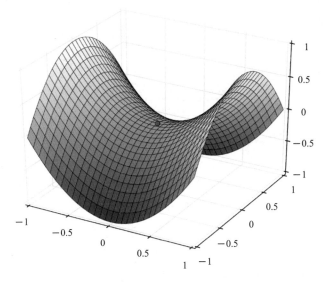

图8-9　二维空间中的局部最优

在高维空间中，陷入局部最优的问题很容易出现。这个问题对批梯度下降法的影响更大，随机梯度下降法由于存在随机噪声，反而有可能跳出局部最优。

梯度下降法的第三个问题是随机梯度下降法所独有的，批梯度下降法中不存在这个问题。前面提到过，随机梯度下降法通过对小批量数据进行计算得出梯度，所以其中包含大量的不确定性，这些不确定性会减慢模型的收敛速度。观察图8-10，其中的3条线分别代表批梯度下降法、小批量随机梯度下降法和单样本随机梯度下降法的更新路

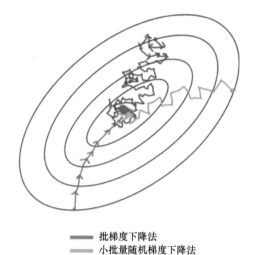

批梯度下降法
小批量随机梯度下降法
单样本随机梯度下降法

图8-10 批梯度下降法、小批量随机梯度下降法和单样本随机梯度下降法的更新路径

径。可以看到，批梯度下降法（蓝色线）最平稳，单样本随机梯度下降法（紫色线）最混乱，小批量随机梯度下降法（绿色线）介于以上两者之间。由此可见，在随机梯度下降法中，梯度的随机性使得模型更难收敛，增大batch size可以在一定程度上缓解这个问题，如绿色线所示。

既然梯度下降法存在以上问题，那么如何对它加以改进呢？下面介绍几个比较有代表性的改进算法。这几个算法都基于随机梯度下降法，改进也都是针对小批量随机梯度下降法，因为小批量随机梯度下降法在实践中最常用。

8.3.2 动量随机梯度下降法

动量随机梯度下降法（Momentum算法的一种）的原理是计算梯度的滑动平均值，也就是指数加权平均值，并用来更新参数。具体的实现方法是在优化器中维护一个参数 v（velocity，表示速度），每一步的训练都会用梯度更新 v。v 的更新公式是 $v_t = \beta v_{t-1} + (1-\beta)\theta_t$。每次更新都会将当前的 v 乘以一个系数，所以旧的梯度的权重会逐渐降低，这也正是滑动平均值这一名称的由来——旧的梯度将被逐渐弱化。

这里的 v 的初始值为0，β 则是一个超参数，通常为0.9或0.99。指数加权平均会弱化多步之前的梯度，而更关注近期的梯度。这是一个很好的特性，因为通常来讲，近期的梯度更有价值。动量随机梯度下降法的执行过程如下。

（1）初始化 $v_{dw} = 0$，$v_{db} = 0$。

（2）计算当前 mini-batch 的 dw 和 db。

（3）$v_{dw} = \beta v_{dw} + (1 - \beta)dw$。

（4）$v_{db} = \beta v_{db} + (1 - \beta)db$。

（5）$w := w - \alpha v_{dw}$。

（6）$b := b - \alpha v_{db}$。

（7）返回到步骤（2）进行迭代计算。

动量随机梯度下降法是如何解决梯度下降法存在的3个问题的呢？对于梯度在不同的方向差异过大的问题，动量随机梯度下降法通过滑动平均值，让 y 轴上的振荡相互抵消，而让 x 轴上的梯度逐渐累积，从而使得梯度更新路径从原来的折线路径变成更平滑的路径。对于局部最优的问题，动量随机梯度下降法不使用梯度更新参数，而使用速度更新参数。速度是逐渐更新的，具有惯性，这个惯性有助于模型越过局部最优点。对于不确定性减慢模型收敛速度的问题，和第一个问题类似，由于噪声是随机的，滑动平均可以使梯度的噪声相互抵消，这样梯度在正确的方向上不断累加，就可以达到加速训练的效果。

8.3.3 AdaGrad 和 RMSProp 算法

AdaGrad 和 RMSProp 算法都是优化器，这两个优化器相似，所以将它们放在一起来讨论。AdaGrad（Adaptive Gradient，自适应梯度）算法的基本思路是，根据历史梯度对各个参数的梯度进行缩放。缩放是逐参数进行的，从而能够对每一个参数进行定制化的调整。对于一个参数来说，如果它的历史梯度一直很大，就缩小它；如果它的历史梯度一直很小，就放大它。具体如何实现呢？其实，AdaGrad 算法维护了一个累积梯度平方和，并利用它来对梯度进行缩放。

AdaGrad 算法的执行过程如下。

（1）初始化 $S_{dw} = 0$，$S_{db} = 0$。

（2）计算当前 mini-batch 的 dw 和 db。

（3）计算累积梯度平方和 $S_{dw} := S_{dw} + (dw)^2$，$S_{db} := S_{db} + (db)^2$。

（4）更新参数 $w := w - \alpha \dfrac{dw}{\sqrt{S_{dw} + \epsilon}}$，$b := b - \alpha \dfrac{db}{\sqrt{S_{db} + \epsilon}}$。

（5）返回到步骤（2）进行迭代计算。

这里的 ϵ 是一个为防止除数为 0 而加入的极小值。

RMSProp（Root Mean Squared Propagation，均方根传播）算法对 AdaGrad 算法做了改进，能够缓解 AdaGrad 算法中累积梯度平方和不断增长导致的梯度逐渐消失的问题。RMSProp 算法借鉴了 Momentum 算法中的指数平均思路，在计算累积梯度平方和的时候使用了指数平均。

RMSProp 算法的执行过程如下。

（1）初始化 $S_{dw} = 0$，$S_{db} = 0$。

（2）计算当前 mini-batch 的 dw 和 db。

（3）计算累积梯度平方和 $S_{dw} = \beta S_{dw} + (1 - \beta)(dw)^2$，$S_{db} = \beta S_{db} + (1 - \beta)(db)^2$。

（4）更新参数 $w := w - \alpha \dfrac{dw}{\sqrt{S_{dw} + \epsilon}}$，$b := b - \alpha \dfrac{db}{\sqrt{S_{db} + \epsilon}}$。

（5）返回到步骤（2）进行迭代计算。

与 AdaGrad 算法的执行过程相比，RMSProp 算法使用指数平均操作代替了 AdaGrad 算法中的累加操作。

这两种算法为什么能解决前面提到的问题呢？对于梯度在不同的方向差异过大的问题，显然自适应缩放会缩小振荡方向（y 轴）的梯度，而增大梯度较小方向（x 轴）的梯度。

8.3.4 Adam 算法

Adam 算法也是优化器，它融合了 RMSProp 算法和 Momentum 算法的优点，能够同时计算梯度的移动平均值和梯度平方的移动平均值。由于融合了 RMSProp 算法和 Momentum 算法的优点，Adam 算法的实际应用效果很好。Adam 算法是深度神经网络默认的优化器，它包含两个参数——β_1 和 β_2，取值通常分别为 0.9 和 0.999。

Adam算法还考虑到了冷启动的问题，也就是优化器的前几次迭代中步长过大的问题。当β_2取0.999时，第一步的S将是一个极小值，其平方根更小，这会导致更新步长过大。为了解决这个问题，Adam算法引入了一个对v（速度）和s（梯度平方的移动平均值）进行校正的环节。校正思路很简单，就是在模型训练的早期对v和s进行放大，放大系数会逐渐缩小并趋近于1。

8.3.5　不同优化算法的对比

图8-11对前面介绍的几种优化算法做了对比，白色区域代表最优解。

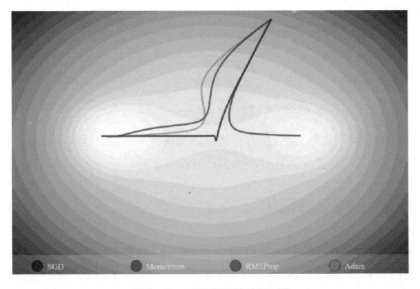

图8-11　不同优化算法的对比

可以看到，SGD（Stochastic Gradient Descent, 随机梯度下降）法没有找到全局最优解，而是陷入局部最优；Adam算法的收敛速度最快，RMSProp和Momentum算法的速度则接近。

8.4　正则化

学习完提升模型训练效率的方法后，本节介绍模型的正则化（Regularization，又称正规化）。什么是模型的正则化？正则化又解决了什么问题呢？

8.4.1 模型的正则化

请回顾一下过拟合和欠拟合。对于机器学习模型来说，如果模型在训练集上的效果比较差，则说明模型处于欠拟合状态。如果模型在训练集上的效果非常好，但在测试集上的效果比较差，则说明模型处于过拟合状态。过拟合表示模型从训练集中学到了过多的细节，连一些噪声也被学到了，而学习这些噪声对测试集是无效的。过拟合的模型是没有实用价值的，所以我们希望模型能在过拟合和欠拟合之间做好平衡，如图8-12所示。

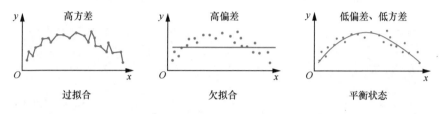

图8-12 过拟合、欠拟合及平衡状态

深度学习模型尤其容易过拟合，这是因为深度学习模型通常很复杂，具有非常强的拟合能力。正则化旨在解决模型的过拟合问题。

8.4.2 *L*1/*L*2 正则化

*L*1/*L*2正则化通过最小化参数的*L*1范数或*L*2范数来提高模型的泛化能力。这种正则化方式的实现比较简单，具体可以通过在损失函数中增加一个惩罚项来实现。

*L*1正则化加入*L*1范数惩罚项，*L*2正则化加入*L*2范数惩罚项。以线性回归为例，加入*L*1/*L*2正则化后的损失函数如式8-7所示，其中 λ 是超参数。

$$\text{newLoss}(w) = \text{oldLoss}(w) + \lambda L1 / L2_{\text{norm}}(w) \qquad (\text{式 8-7})$$

*L*1范数是参数的绝对值的和（见式8-8），*L*2范数是参数的平方之和的平方根（见式8-9）。这两种正则化方式都会迫使模型的参数变小，从而使模型更简单，降低模型过拟合的风险，提升模型的泛化能力。

$$L1_{\text{norm}} = \frac{1}{m}\sum_{i=1}^{n_x}|w| = \frac{1}{m}\|w\|_1 \qquad (\text{式 8-8})$$

$$L2_{\text{norm}} = \frac{1}{2m}\sum_{i=1}^{n_x} w^2 = \frac{1}{2m}\|w\|_2 \qquad \text{(式 8-9)}$$

下面我们来分析一下 $L1$ 正则化与 $L2$ 正则化的区别。对于 $L1$ 正则化，损失函数会最小化参数的绝对值，不重要的参数会被缩小到接近 0，从而使得模型不再依赖不重要的特征。对于 $L2$ 正则化，损失函数会最小化参数的平方。因此，$L2$ 正则化倾向于让模型参数尽量缩小，以避免存在过大的参数，从而使得模型不再过分依赖某单一特征。

在工程实践中，$L2$ 正则化的使用更加普遍，但有时也会同时使用 $L1$ 正则化和 $L2$ 正则化。让我们以 $L2$ 正则化为例，看一下加入惩罚项之后的梯度更新都有哪些变化。

式 8-10 和式 8-11 是加入 $L2$ 正则化后的参数更新公式，其中 from backprop 表示通过反向传播算法计算得到的梯度值。可以发现，在加入 $L2$ 正则化之后，除常规的梯度更新外，参数在每一步的更新中都会按比例缩小。所以，$L2$ 正则化又称为权重衰减。

$$\mathrm{d}w^{[l]} = (\text{ from backprop }) + \frac{\lambda}{m}w^{[l]} \qquad \text{(式 8-10)}$$

$$w^{[l]} := w^{[l]} - \alpha\mathrm{d}w^{[l]} = \left(1 - \frac{\alpha\lambda}{m}\right)w^{[l]} - \alpha(\text{from backprop}) \qquad \text{(式 8-11)}$$

8.4.3 Dropout

Dropout 也是一种正则化方法，但其实现方式和 $L1/L2$ 正则化完全不同。Dropout 的基本思想是，模型不应该依赖任何特定特征进行预测，而是应该根据不同的特征来完成任务。比如，要判断一张图片中的动物是不是狗，就不能仅仅依赖动物是否有两只眼睛这一特征。Dropout 的思路和 $L2$ 正则化的思路类似，都是希望模型能够利用更多的特征进行预测。Dropout 的实现方式也很简单，在训练过程中，Dropout 会随机地从神经网络中删除一些连接，如图 8-13 所示。这样模型就没有办法依赖某些特定特征完成任务，因为这些特征不一定可用。

在推理时，Dropout 是不工作的，因为我们希望利用所有的特征来给出最准确的结果。也可以将 Dropout 想象成训练了无穷多个子模型（每个子模型的连接方式不同），且每一次训练都针对子模型进行。而在推理时，则使用所有子模型的组合，就是用多个弱模型组合成一个强模型。

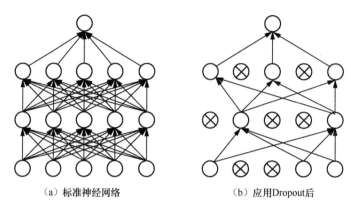

（a）标准神经网络　　　　　　　（b）应用Dropout后

图8-13 Dropout随机地从神经网络中删除一些连接

Dropout能显著提升模型的泛化能力，但Dropout的高泛化能力并不是没有代价的，使用Dropout会导致梯度的随机性更大，模型更难训练。所以，使用Dropout的模型相比不使用Dropout的模型来说，训练时间更长。

对于Dropout而言，还有一个需要注意的地方，那就是模型的输出需要校正。Dropout在训练时会删除一些连接，但在推理时不会，这导致模型训练时激活值的分布与推理时的不同，校正就是为了解决这个问题。校正的方法很简单，只需要将输出值除以$1-p$即可，p为被删除节点占总节点的比例。

Dropout常用于全连接神经网络。

8.4.4　批标准化

批标准化（Batch Normalization，BN）的做法和数据预处理中的标准化类似，但批标准化作用于神经网络层的输出，而不是模型的输入。批标准化有正则化的效果，能提升模型的泛化能力。批标准化还能加速模型的训练。在使用批标准化时，模型的权重初始化将变得不再那么重要。这是因为批标准化对每层神经元的输入都做了标准化，神经元的激活值将保持稳定，而不会出现输出过大或过小的问题。

下面来看一下批标准化的具体实现，如图8-14（来自论文"Batch Normalization:

Accelerating Deep Network Training by Reducing Internal Covariate Shift"）所示。
批标准化在神经网络中被实现为一个独立的层，它的输入是一个mini-batch数据
（$x_1 \sim x_m$），包含两个可训练的参数——γ和β。首先对输入进行标准化，具体而
言，就是进行均值为0、方差为1的标准化。然后将结果乘以γ并加上β，以保留
输入数据的有效信息（标准化会导致模型丢失一些信息，加入参数γ和β，旨在
让模型有能力保留这些信息）。批标准化在模型推理时的做法与在模型训练时的
做法不同：在模型推理时，会使用所有训练数据的均值和方差；而在模型训练
时，使用的是小批量数据的均值和方差。批标准化常用于卷积神经网络，尤其是
深度卷积神经网络。

$$\text{输入：} x \text{在当前批次中的值 } \mathcal{B}=\{x_1, x_2, \cdots, x_m\};$$
$$\text{需要学习的参数 } \gamma、\beta$$
$$\text{输出：} \{y_i = BN_{\gamma, \beta}(x_i)\}$$

$$\mu_{\mathcal{B}} \leftarrow \frac{1}{m}\sum_{i=1}^{m} x_i \qquad\qquad \text{// 小批次的平均值}$$

$$\sigma_{\mathcal{B}}^2 \leftarrow \frac{1}{m}\sum_{i=1}^{m} (x_i - \mu_{\mathcal{B}})^2 \qquad\qquad \text{// 小批次的方差}$$

$$\hat{x}_i \leftarrow \frac{x_i - \mu_{\mathcal{B}}}{\sqrt{\sigma_{\mathcal{B}}^2 + \varepsilon}} \qquad\qquad \text{// 标准化}$$

$$y_i \leftarrow \gamma\hat{x}_i + \beta \equiv BN_{\gamma, \beta}(x_i) \qquad\qquad \text{// 扩展并转移}$$

图8-14 批标准化的具体实现

除了批标准化，还有很多类似的标准化算法，如层标准化（Layer Norm）、实
例标准化（Instance Norm）和组标准化（Group Norm）。图8-15给出了这些标准
化算法在图像领域的具体实现，可以看到，它们的标准化维度是不同的。

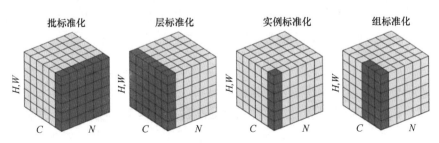

图8-15 各种标准化算法在图像领域的具体实现

8.4.5 正则化方法的选择

前面介绍的3种正则化方法都可以提升模型的泛化能力，那么在具体应用中如何选择呢？事实上，$L2$正则化最常用；Dropout和批标准化则比较接近，可以相互替代。有研究表明，在使用批标准化之后，Dropout的作用就不明显了。另有研究表明，批标准化和Dropout同时使用会存在冲突。所以通常情况下，应从Dropout和批标准化中选择其一来使用，现阶段使用批标准化的更多。但如果模型中有大的全连接层，可以尝试使用Dropout。

8.4.6 数据增强

数据增强是另一种常见的旨在提高模型泛化能力的方法，它能够通过编辑现有数据来增大数据集。这种方法对于训练数据较少的任务效果非常显著，但如果数据量比较大，数据增强的效果就没有那么明显了。数据增强的手段多种多样，在不同的领域，手段也是不同的。以图像领域为例，可以使用图像旋转、图像缩放、图像切割、图像模糊等手段来生成新的数据。这是因为对于图像来说，在进行上述变换之后，图像的意义没有发生变化。增加训练样本可以使训练数据的覆盖范围更广，模型的泛化能力自然也就能够得到提升。

8.5 学习率和提前停止

8.5.1 学习率对模型训练的影响

学习率（learning rate）是模型训练过程中非常重要的一个超参数，学习率的设置会影响模型的训练速度及其是否能够收敛。

图8-16给出了用不同的学习率训练相同的模型所得到的准确率曲线，其中橙色为训练集准确率，蓝色为测试集准确率。可以看到，当学习率比较大的时候，模型在开始阶段训练很快，此后开始振荡，这说明模型没有办法很好地收敛。当学习率为0.001的时候，模型的训练曲线则兼顾了训练速度和稳定性。若进一步减小学习率，就会发现模型的训练速度变得越来越慢。尤其是当我们把学

习率减小至10^{-7}的时候，模型在训练200个轮次后依然只有约35%的准确率。

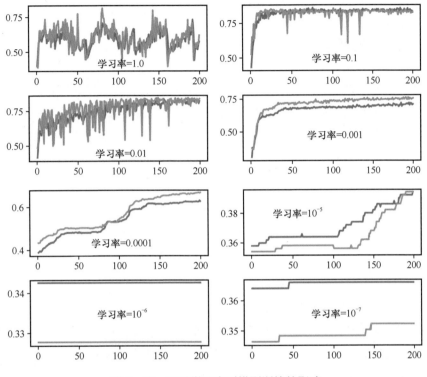

图8-16 不同学习率对模型训练的影响

由此可见，学习率不能过大，也不能过小。通常情况下，学习率应设置在10^{-5}和10^{-2}之间，具体的值需要通过实验得出。

8.5.2 学习率衰减

以图8-16为例，最好的学习率是多少？有人认为是0.001。思考一下，如果学习率能在前10个轮次取0.1，之后取0.001，是不是更好一些？这样我们既可以在前期快速训练，又可以在后期稳定提升。这种使用变化学习率的技术叫作学习率衰减。具体的思路非常简单，就是想方设法地结合大学习率在前期的速度和小学习率在后期的稳定。在这里，我们既想要学习率取0.1时的快速增长部分，又想要学习率取0.001时的稳定部分。

学习率衰减的效果非常直观，衰减形式多种多样，常见的有分段衰减、线性衰减和指数衰减等。事实上，固定的学习率在实践中通常效果不错，学习率衰减所能带来的提升十分有限，尤其当使用前面介绍的优化器时。

8.5.3 提前停止

使用梯度下降法训练模型是一个迭代的过程，那么应该何时停止迭代呢？请回顾一下，前面在介绍线性回归模型时曾提到，当参数的偏导数接近于0时，代表模型已经收敛到最优点，此时可以停止迭代。而在深度学习中，优化问题更加复杂，通常无法找到梯度为0的点，即使找到了，也可能只是一个局部最优点。因此，线性回归模型中的停止条件在深度学习中并不适用。

对于深度学习来说，我们可以根据训练资源指定一个固定的训练轮次来进行训练，并在训练过程中记录若干模型快照，然后根据准确度曲线从中选择最优的模型快照。

但是这样做比较浪费训练资源，因为根据经验可知，在某些情况下继续训练模型只会越来越差。当模型在验证集上的准确率开始下降时，代表模型开始过拟合，此时模型学到的内容对模型泛化是无效的，我们可以提前终止模型的训练，这就是提前停止（early stopping）。提前停止是指当模型在验证集上的准确率开始下降时，停止模型的训练，如图8-17所示。

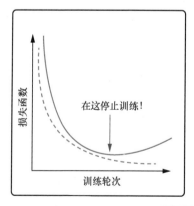
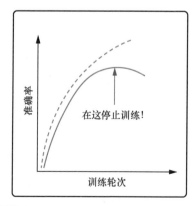

图8-17 提前停止

8.6　模型训练技巧

本节介绍模型训练中的几个小技巧。

（1）在进行大规模训练前，先在小规模的数据集上进行训练，这类似于编程中的单元测试。我们需要先确认模型的正确性，再在大的数据集上进行训练。这是因为完整的训练很耗时，在小的数据集上训练可以快速确定模型的正确性并选择合理的超参数。如果模型不能过拟合一个小的数据集，说明模型结构本身存在问题，需要进行调整。

（2）利用可视化的方式对模型的训练过程进行跟踪。深度学习训练的可视化非常重要，我们能够从中发现许多有助于调试模型的信息。最重要的可视化指标是模型的损失函数和准确率。请不要因为麻烦而忽略可视化部分。

（3）有时候，虽然模型本身存在漏洞，但模型的结果仍然正确。这是因为模型整体非常复杂，一些错误可能只影响模型的效果，但模型看起来仍然是正确的。因此，一定不能有"模型能收敛，所以模型没有漏洞"这样的想法。

（4）当模型不收敛时，先尝试减小学习率。通常情况下，模型不收敛是由学习率设置不当引起的。

本章介绍了深度神经网络训练中的一些难点、加速模型训练的方法（如数据的预处理、更好的参数初始化，以及更好的优化器）和提升模型泛化能力的技术（如Dropout和批标准化）。学完本章，读者应该已经掌握深度神经网络训练中最核心的知识，相信用不了多久，就可以运用这些知识动手训练一个属于自己的深度学习模型了！

第9章
智能对话

本章将探讨人工智能技术的重要应用——智能对话。智能对话系统（如聊天机器人和语音助手）是当前发展最火热的人工智能产品之一，是新一代的人机交互范式。智能对话系统利用先进的自然语言处理技术，能够理解和响应人类的语言，提供信息、娱乐，在特定领域内提供专业建议。本章将介绍智能对话系统的基础知识和组成模块。

9.1　智能对话系统概述

本节介绍智能对话系统的基础知识和技术原理。

9.1.1　认识智能对话系统

智能对话系统又称对话机器人（简称BOT），这种系统可通过语音识别、自然语言理解、机器学习等人工智能技术，使机器理解人类语言，并与人类进行有效沟通或执行相应的任务。

智能对话系统可加载于智能硬件，基于对话的交互方式满足智能硬件的操作控制需求，使人机交互更加自然。智能对话系统也可赋能于服务场景，以文本机器人、语音机器人、多模态数字人、智能质检和坐席辅助等对话机器人的产品形式，提供客户服务、营销服务、企业信息服务等。

文本机器人是对话机器人最初的产品形态，被应用于在线客服领域，辅助或替代人工进行多接入渠道的在线接待；而后，结合智能语音技术，孵化出了语音机器人的产品形式，辅助替代真人接听和拨打电话，并以原有问答接待为基础，延展出回访、通知和营销等功能；多模态数字人则是在语言机器人的基础上添加了人物的形象和动作，进一步提升交互体验。

9.1.2 智能对话系统的类别

BOT具有多种类型。按照对话的目标，BOT可以分为闲聊型BOT、问答型BOT和任务完成型BOT。

最初由微软研发的小冰BOT，特点是人格化和IP化，适合于娱乐和社交领域，这种类型的BOT一般称为闲聊型BOT。

客服机器人大多是基于企业业务知识库的信息类机器人，用于回答客户经常提出的问题，从而缓解人工客服的话务量压力，这种类型的BOT一般称为问答型BOT。

还有一种类型的BOT，通过和企业IT系统对接，能够自动地将自己与客户的对话转换成工单或订单，从而提高工作效率，这种类型的BOT称为任务完成型BOT。

9.1.3 智能对话系统的技术方向

智能对话系统的技术可以从两个方向进行阐述。

首先是数据驱动。智能对话系统专注于知识库的建立、优化和持续更新，以确保系统的回答精准并逐步提升回答的广度和深度。通过收集用户交互数据，系统可以根据反馈不断调整内容，优化问题和答案的匹配度，使得响应更符合用户需求。同时，用户的操作数据会被转化为模型训练数据，帮助提升系统的相似度模型和推荐效果，从而提高系统的整体智能水平。

其次是通过自然语言处理和深度学习替代传统的模式匹配和简单的机器学习模型，并结合情感分析技术，使智能对话系统更加人性化。在此基础上，利用生成式模型，特别是大语言模型（Large Language Model，LLM）的生成能力，进一步提升系统的表达丰富度和响应灵活性。这些生成式模型能够根据用户的输入动态生成内容，不再局限于预设答案，有助于实现更自然的交互体验。同时，通用模型、基础框架与专业领域知识的结合，能够确保即便在专业垂直领域，系统也能展现出智能化水平。再加上语音和图像技术的融入，对话机器人的表现形式更为多样化。

9.1.4 智能对话系统的历史演进

本节将通过两个案例，介绍智能对话系统的历史演进。

1. 早期BOT的技术与实现

早期的BOT实现技术主要基于关键词和模式匹配。对于用户所提出的问题，模式匹配机器人根据匹配到的问题中的关键字及文本模式，映射到预定义的答案并返回给用户。在模式匹配中，聊天机器人仅知道模式中存在的问题的答案，而不能超出系统中已经实现的模式。

对于重复率高的FAQ（Frequently Asked Questions，常见问题）场景，设计明确、数目有限的问答对是一种十分高效的手段。另外，FAQ系统相对稳定，统一、简单的回复使得设计十分简洁，对运营团队的技术要求也不高，即使技术薄弱，也可以快速上手。

在图灵提出近代人工智能理论后，美国麻省理工学院人工智能实验室的德裔计算机科学家Joseph Weizenbaum在1964—1966年打造了史上第一个聊天机器人——Eliza。

Eliza是用MAD-SLIP程序语言编写的，运行在36位元架构的IBM 7094大型计算机上，所有程序代码约为200行。在执行过程中，Eliza会通过分析用户输入的文字内容，将词句重组，变成全新的句子。

Eliza的互动模式是以人为主。它能够对用户提问的内容进行主词关联分析，找到其中的关键字词，并做出相应的回答。由于加入了对话引导的心理应用，Eliza能复述提问的内容，或者针对关键字词进行回答，给出提问者希望得到的答案，达成让提问者认为对方是真人的目的。

Eliza没有实现真正的自然语言理解。它并不知道自己所要表达的意思，而只是对输入的内容通过一个关系式进行变换，然后输出结果。虽然没有真正理解语言，但Eliza的设计原理仍具有一定的启发意义。

2. 现代BOT的技术与实现

现代BOT应当能够理解提问者的基本意图，并具备应对的知识，以做出合理的应答。图9-1展示了问答型BOT和任务完成型BOT的基本对话流程，解释了在用户向BOT提问后，BOT的后台都做了哪些工作。

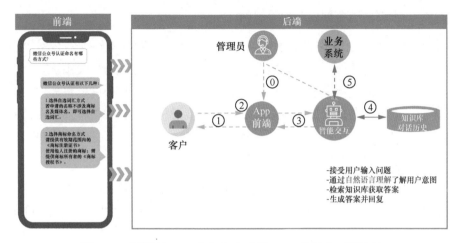

图9-1 问答型BOT和任务完成型BOT的基本对话流程

在图9-1中，左侧是面向用户的交互界面，可以是手机App的对话窗口、Web浏览器的对话页面、微信聊天界面、微信小程序、企业微信等，也可以是Teams、Skype等PC端应用，甚至可以是智能音箱和电话等设备。搭建BOT后台需要构建知识库，和企业后台进行必要的系统对接，获取问答所需信息的输入/输出，并对机器人的理解能力进行配置和训练。完成配置和训练后，机器人接受提问者提问，理解提问者的意图，并据此搜索知识库以获得答案，最后生成答案并返回给提问者。这样的BOT包含3个主要模块：自然语言理解模块、知识库模块和对话流程管理模块。

9.2 自然语言理解模块

自然语言理解模块是智能对话系统的主要模块之一，负责理解用户的输入。

9.2.1 自然语言理解模块的作用

自然语言理解（NLU）是自然语言处理（NLP）的一个分支，所要实现的功能是对一个词、一句话或一段文字进行语义上的理解，并将理解的结果映射成计算机可以识别的下一步行为或响应。

自然语言理解涉及实体的识别和意图的识别，所采用的技术是机器学习和深度学习，并且需要结合词表匹配等规则。

自然语言理解的方式有基于模型的自然语言理解和基于规则的自然语言理解两种。这两种自然语言理解方式之间是有机协同和相互融合的关系：基于模型的自然语言理解的优势在于具有比较好的泛化能力，以及比较好的鲁棒性，能够以数据驱动的方式来持续提升模型的效果；而基于规则的自然语言理解在没有训练数据或训练数据很少的情况下具有非常大的优势，比较适合在系统冷启动场景下，基于规则快速开发出一套效果有基本保证的系统。

我们需要思考的是如何在语言理解和对话交互系统中将这两种自然语言理解方式的优势都充分发挥出来并有机结合在一起，从而打造出更智能的机器和系统。

9.2.2 自然语言理解模块的核心技术

1. 嵌入

为了处理自然语言，首先需要将自然语言的文字或词转换成计算机算法可以处理的向量，这被称作嵌入（embedding），常用的有词嵌入（word embedding）和句嵌入（sentence embedding）两种。面对不同的任务，可以采用不同的编码方式，常用的有独热编码、哈希编码等。

2. 实体抽取

实体抽取是对话系统中常用的方法。实体是指具有可描述意义的单词或短语，通常可以是人名、地名、组织机构名、产品名，以及在某个领域具有一定含义的内容，比如医学领域的疾病、药物、生物体的名称，或者法律学涉及的专有词汇等。实体抽取又称实体识别，能够将一句话中的实体抽取出来，确定这些实体的属性和实体之间的关系。我们可以基于这些信息做进一步的语义匹配、推理等。

3. 意图识别

自然语言非常复杂，同一个意图可能有多种不同的表达方式，这是对话机器人面临的最大挑战。简单的意图识别可以基于规则（如关键词、字典）来完成。

复杂的意图识别则涉及机器学习和深度学习等复杂的计算模型，如文本分类模型、文本相似度模型等。

文本相似度计算是意图识别的常用方法。计算文本相似度涉及把文字组合转变成数学计算的复杂问题。简单来说，就是将自然语言的词句通过词嵌入或句嵌入的方式转为高维空间中的向量，用不同句子在高维空间中相对位置的远近来衡量它们的相似程度。在实践中，我们通常将用户的问句分别与多组意图进行文本相似度计算，将相似度最高的意图作为用户问题的意图。

深度结构语义模型（Deep Structured Semantic Model，DSSM）是文本匹配任务领域的一个重要模型，主要用于信息检索，以及对搜索词和目标文档进行匹配。通常情况下，当需要执行文本匹配任务时，可以把DSSM作为基线（baseline）模型。DSSM使用全连接的感知机对输入进行非线性变换，从而提取句子的语义特征。2014年，微软在DSSM的基础上提出了性能更好的CDSSM（Convolutional Deep Structure Semantic Model，卷积深度结构语义模型）。CDSSM用CNN代替了多层感知机，并通过词的n-gram（n元语法）和卷积池化操作来捕获上下文关系。相比DSSM，CDSSM的效果提升了约10%，这是因为CNN和RNN对自然语言处理的语义特征提取效果更好。

9.3 知识库模块

理解了提问者的问题，下一步就是做出回答，那么机器人是怎么知道各种问题的答案的呢？这就需要智能对话引擎的知识库模块了。知识库有很多种形式，大致可以分为常见知识库（即FAQ知识库）、基于结构化数据库的知识库和基于知识图谱的知识库。

9.3.1 FAQ知识库

FAQ知识库是智能对话系统中最基本的知识库，也是当前最常用的知识管理方法，效率非常高。FAQ知识库中主要包含静态的知识。每一条知识对应一个标准问题，而每个问题又可以有多种不同的问法。当用户提问时，对话机器人通过文本语义相似度算法确定用户的问题和知识库中哪一条知识对应的问题最相似，从而将该问题所对应的知识作为答案回复给用户。

FAQ知识库的工作流程如下。

（1）获取用户问题。

（2）在预置问题中匹配。

（3）获得相应预置问题。

（4）将预置答案返回给用户。

9.3.2 基于结构化数据库的知识库

虽然FAQ知识库简单直接，但有时候，我们希望机器人能根据知识库中的信息来回答用户的提问。此时，可以采用基于结构化数据库的知识库。采用这种知识库的机器人在获取用户问题后，除了解析用户意图，还需要获知用户问题的实体、属性，并构建针对数据库（如关系数据库、NoSQL数据库等）的查询语句，以进行数据库查询。

基于结构化数据库的知识库的工作流程如下。

（1）获取用户问题。

（2）解析用户问题的语义，获知用户问题的意图、实体、属性。

（3）向数据库进行查询。

（4）将查询结果返回给用户。

实现基于结构化数据库的知识库的关键在于如何构建数据库的查询语句，这可以抽象成一个机器学习问题。在实际的实现过程中，通常采用填槽的方式来获得查询语句所需的信息和条件，比如数据库表的名称、Select语句的约束条件等。查询结果的展现方式也需要事先设计好。

9.3.3 基于知识图谱的知识库

知识图谱是知识库的另一种承载方式。知识图谱存储的是实体之间的关系。用知识图谱来回答用户提问是一种有趣且有价值的新模式。答案和问题之间是通过图数据库中的"关系"来描述的，而不是由语义来确定。第10章将进一步介绍知识图谱的相关内容。

基于知识图谱的知识库的工作流程如下。

（1）获取用户问题。

（2）解析用户问题的语义，获知用户问题的意图、实体、属性。

（3）构建图数据库的查询语句（实体—关系链）。

（4）在知识图谱中进行查询和过滤。

（5）将查询结果和下一步推导返回给用户。

实现基于知识图谱的知识库的关键在于如何将自然语言描述的问题转换成图数据库的查询语句。基于知识图谱的知识库的构建过程可以从简单的基于手动修改定义的查询模式，发展到基于模型算法的实现。开发者需要根据自己的实际业务需求和投资条件来选择合适的方式。

9.4　对话流程管理模块

自然语言理解模块解决了输入的问题，知识库模块解决了输出的问题，作为中间控制的对话流程管理模块则起到衔接自然语言理解模块和知识库模块的作用。

根据复杂程度可以将对话流程分为单轮对话和多轮对话两种。单轮对话把语言理解的结果对接到知识库，再返回知识库的查询结果。多轮对话则比较复杂，除了获得当前问题的答案，还需要考虑上下文信息，涉及分支流程管理、上下文管理、意图自动补全、槽位填充、场景/技能等。

多轮对话作为人工智能的典型应用场景，是一项极具挑战性的任务，不仅涉及多方面异构知识的表示、抽取、推理和应用，还涉及包括自然语言理解在内的其他人工智能核心技术（如用户画像、对话管理等）的综合利用。

第10章
知识图谱

本章从认识知识图谱开始，首先解释知识和知识图谱的定义，展示知识图谱的直观表示方法，并探讨其作用和基本操作。接着讲解以三元组和属性图模型为代表的知识图谱数据模型，详细讨论知识图谱的本体及其影响。随后介绍知识图谱的构建和存储。最后介绍基于知识图谱的应用，并带你构建一个属于自己的知识图谱。

10.1 认识知识图谱

本节介绍知识图谱的基本概念、直观表示方法和作用，以及基于知识图谱的操作。知识图谱这个概念可以非常直观地来理解，即知识图谱分为两部分：知识和图谱。知识图谱也可以说是知识的图谱。

10.1.1 知识的定义

先来看看什么是知识。我们可以将知识和另外两个概念——数据和信息——做一下对比，明确三者之间的关系。

如图 10-1 所示，世界上的万事万物都是数据；信息是数据的一个子集，能够减少不确定性的那部分数据就是信息；而知识则属于信息的子集，知识是人类对真实世界的理解，也是人类对世界上各种经验和规律的总结。

作为信息的子集，知识当然也具备消除不确定性的功能。但相较于广义的信息，知识在一定范畴内具备通用性和稳定性，并且揭示了客观规律或人为设置的规则，这是知识有别于信息的地方。

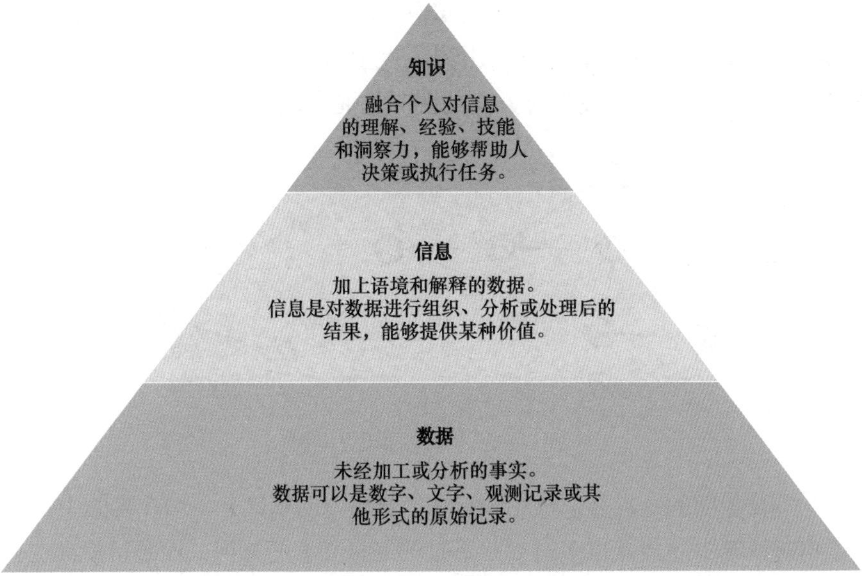

图10-1　数据、信息和知识之间的关系

举个例子，牛顿第一定律是一份信息，一个人的狗叫多多也是一份信息。显然前者具备通用性和稳定性，掌握了它，就可以解决低速宏观世界（也就是我们日常生活的这个世界）里各时各地的物体运动和受力问题；而掌握后者，只对个人有用。这就是知识和信息的区别。

10.1.2　知识图谱的定义

知识是有结构的，知识之间是有关联的，而且这种关联往往具备一定的顺序或层级结构。如果在存储知识的同时存储它们之间的关联结构，则必然比存储一个个孤立的知识点有用得多。

知识之间的关联非常复杂且多样，什么样的数据结构适合用来存储它们呢？自然是图结构。因此，我们用图结构来存储知识。简单而言，知识图谱就是将知识以图结构存储起来。

10.1.3　知识图谱的直观表示方法

在用直观的示意图来表示知识图谱时，通常把知识表现为一个个的节点。以

图10-2为例，其中的圆圈就是节点，知识之间的关联则表现为节点之间的连线。这种连线既可以是有方向的（方向用箭头表示），也可以是没有方向的。连线有方向的图叫作有向图，连线没有方向的图叫作无向图。

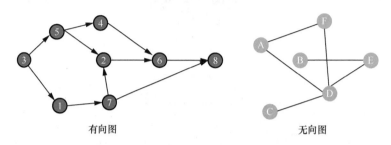

有向图　　　　　　　　　　无向图

图10-2　有向图和无向图

这里需要说明的一点是，虽然知识和信息可以明确区分，但在实践中，在构建知识图谱时，其中的节点很多时候并不是严格意义上的知识，而是信息。

什么样的信息可以作为节点应根据需求来决定。如果需要，小狗多多也可以成为知识图谱里的节点，比如制作一张描述小狗多多所在家庭的家庭成员的知识图谱，多多就可以占据一个类型为宠物的节点。

10.1.4　知识图谱的作用

为什么需要知识呢？因为知识和数据是智能的基石，无论是人还是计算机，判断事情、根据既往的经验解决问题，以及做出决策的基础都是知识。我们需要知识，尤其是以非静态方式存储的知识。如果只把知识放在一个二维表或文本文件中，我们很难发现它们之间的关系，也就无法从一个知识点推理出其他的知识点，知识再多也只是一个个碎片。

知识图谱提供了一种灵活的组织形态，它能够把各种碎片化的知识连通起来，而且这种知识之间相互印证的结构能够进一步确保知识的质量。知识图谱就是一种能够通过各式各样的关联性，把很多零散的知识贯穿起来的信息组织方式。

知识图谱表述的是真实世界的状况。知识图谱中的节点有可能是公司、城市、事件、人物、定理、公式等，每个节点在真实世界中都对应一个事物，节点之间的关联则描述了实体之间相互作用、相互转化的关系。

知识图谱的结构本身具备可解释性，能够显式地展示这些节点之间究竟存在怎样的联系，是直接联系还是间接联系，等等。此外，在知识图谱中，可以沿着既有的路径游走，这样的操作映射到逻辑上就是推理，这就是知识图谱具备推理能力的原因所在。

10.1.5　基于知识图谱的操作

在知识图谱中，我们可以执行许多操作，具体如下。

- 搜索，也就是在知识图谱中搜索某些特定的节点。
- 过滤，也就是基于节点的属性对它们进行过滤。
- 确认两个节点之间是否连通。
- 找到连通节点之间的最短路径。
- 根据节点的连通性进行引导。
- 将一个大的知识图谱拆分成多个小的知识图谱，或者将多个小的知识图谱融合成一个大的知识图谱。

以上都是知识图谱的基本操作，而从数据结构的角度来讲，以上也都是图结构的基本操作。正因为如此，我们可以将计算机发展中积累的基于图的各种算法经验应用于知识图谱中。

10.2　知识图谱的数据模型

本节介绍知识图谱的表示，也就是知识图谱的数据模型。

10.2.1　三元组

1. 三元组的定义

所谓三元组，其实就是"主—谓—宾"，可以用汉语语法中的主语、谓语、宾语来类比。主语和宾语是两个实体，一个是主体，另一个是客体；谓语则描述了主体施加到客体上的某种行为。

我们来看一个非常简单的例子。比如"Geoffrey Hinton is a researcher"这

样一句话。如果把它转换成一个三元组，则主语是Geoffrey Hinton，宾语是 a researcher，谓语则是中间的动词is，如图10-3所示。整个三元组表示的是 "Geoffrey Hinton是（is）一名研究员（a researcher）"。这是一个非常简单的三元组，我们用它陈述了一个事实。

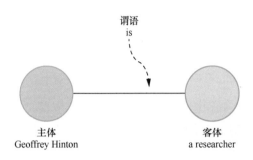

图10-3　一个非常简单的三元组

2. 用RDF来描述和存储三元组

图10-3所示的三元组存储下来会是什么样子的呢？我们可以用RDF（Resource Description Framework，资源描述框架）来描述它。RDF是由万维网联盟（World Wide Web Consortium，简称W3C）提出的一组技术规范，旨在规定如何描述和表达图结构。

RDF以XML语法及XML Schema的资料类型为基础，提供了一套语法和符号。W3C自1999年开始推荐使用RDF，目前RDF得到了非常广泛的应用。

下面的例子展示了如何用RDF定义一个三元组来表示句子"Geoffrey Hinton is a researcher"。

```
<?xml version="1.0"?>
<RDF xmlns="http://www.w3.org/1999/02/22-rdf-syntax-ns#"
    xmlns:rdfs="http://www.w3.org/2000/01/rdf-schema#">
  <Description rdf:about="http://example.org/GeoffreyHinton">
    <rdfs:label>Geoffrey Hinton</rdfs:label>
    <isAProfession>researcher</isAProfession>
  </Description>
</RDF>
```

3. RDFS和OWL

RDF的表达能力有限，只能一对一地描述具体的事物，并且缺乏抽象能力，无法对同一类别的事物进行定义和描述。比如，RDF可以描述Geoffrey Hinton是一名研究员，但如果再抽象一层——"Geoffrey Hinton是人，研究员是职业"，RDF就无法描述人和职业的关系，更无法描述人和职业的属性。为了解决这个问题，人们提出了RDFS（Resource Description Framework Schema，资源描述框架纲要）和OWL（Web Ontology Language，万维网本体语言）两种技术。我们暂且将它们理解为预定义词汇构成的集合，这些词汇被用来对RDF进行类定义和类属性的定义。

有一点需要注意，RDF是一组技术规范，RDFS和OWL是RDF的扩展，它们可以用来描述各种网络资料的内容和结构。XML是最底层的技术，为RDF提供了一种编码机制。RDF Model & Syntax为RDFS提供了描述资源的模型和语法。RDFS提供了描述资源及其之间关系的基本结构，为OWL提供了本体构建的基础元素。图10-4给出了XML、RDF、RDFS和OWL之间的依赖关系。OWL基于下面几层的支持，可以用于定义复杂的本体和知识框架。

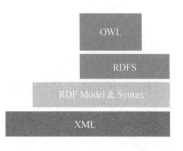

图10-4 XML、RDF、RDFS和OWL之间的依赖关系

RDF因为应用广泛且能够表达三元组，所以被很多以三元组作为数据模型的知识图谱当作描述图谱信息的工具。需要注意的是，很多人误以为RDF就是知识图谱。其实，三元组未必都是知识图谱，而知识图谱也可以使用除三元组之外的其他数据模型来描述。

10.2.2 属性图模型

除了三元组，我们还可以将属性图模型作为数据模型来描述知识图谱。

1. 属性图模型的定义

属性图模型非常直接，用图的形式来表示就是：

- 将实体定义为顶点（也可以叫作节点），每个顶点都有自己的类型和唯一标志，唯一标志一般是ID或名称，并且每个顶点有多个属性，每个属性有属性名、属性值和属性值类型等关于维度的描述性信息；

- 将实体间的关系定义为顶点之间的边，边也有自己的类型和唯一标志，而且可以有多个属性，每个属性同样有属性名、属性值和属性值类型等。

2. 属性图模型的示意图

我们之前提到过，用图的形式表示的知识图谱中的边可以是无方向的，但这并不等于说关系可以是无方向的，所有的关系一定有方向，并且有明确的头实体和尾实体。无方向的边所表达的是同时存在两个方向相反的同类型关系。

举一个非常简单的例子。假设有两个人，其中一人叫张三，另一人叫李四。这两人都是当前属性图模型里的实体，这两个实体的类型都是"人"。在属性图模型中，他们两人被表示为顶点，每个顶点都有3个属性——姓名、年龄和家乡，并且都有其对应值。这两个实体之间的关系是双向的，表示他们两人是朋友，用图中唯一的一条边来表示，边的类型就是"朋友"，如图10-5所示。这里的边没有提供额外的属性信息，但如果需要，也可以添加。这就是一个典型的属性图模型。

图10-5　属性图模型

如果我们把它书写下来，那就需要分为两部分，一部分是顶点，另一部分是边。除了边自身的信息，我们还必须指明边的头和尾。这里的边是双向的，也就是说，"朋友"这种类型的关系有两个，实际上有两条边，它们的类型相同，但其中一条边的头是张三，尾是李四，而另一条边则正好相反。

相较于三元组，属性图模型对我们来说更直接。尤其是在做了可视化之后，人们一般更愿意看到这样一个由顶点和边组成的二维图。后面我们在讲解知识图谱的例子时，也会以属性图模型作为展示方式。

10.3　知识图谱的本体及其影响

10.3.1　认识知识图谱的本体

1. 本体

在计算机领域，本体（ontology）是指对概念、数据，以及实体之间的类别、属性、关系的表示、命名和定义。本体其实是一种特殊类型的术语集，具有结构化的特点。本体是人们以自己所感兴趣领域的知识为素材编写出来的作品。

如果想要构建一个知识图谱，首先要定义知识图谱的本体。对知识图谱的本体的设计直接影响这个知识图谱未来可以承载的知识的内容和结构，并间接地影响这个知识图谱的应用场景。

2. 知识图谱的本体

知识图谱的本体主要包括两个方面：数据模型和数据模型的约束。

一方面，知识图谱本体的设计涉及知识图谱的数据模型及其中的各种概念。例如，属性图模型中包括顶点和边，顶点和边都有各自的类型、标志和很多的属性。对于一个具体的知识图谱而言，有哪些类型的顶点和边，每种类型的顶点和边都有什么属性，以及这些属性的取值是什么类型的，这些问题都需要在知识图谱的本体设计阶段确定。

另一方面，知识图谱中的各类元素是从何种数据源中获取的，以及是如何组织而成的，这些也都是知识图谱本体设计的内容。而在实践中，数据源的确定通常先于实体、关系等概念的定义。

举个例子，假设现在要生成一个关于物理知识的知识图谱。物理是一门博大精深的学科，我们是要定义一个能够把所有物理知识都囊括在内的知识图谱吗？当然不是，我们仅仅想要生成一个以初中物理课本内容为数据源的知识图谱，这个知识图谱可以用来指导中学生的物理学习。

基于此，我们需要定义物理概念、物理量、公式、定理、定律、实验方法等实体类型。此外，为了让学生了解物理的发展历史，还可以定义物理学家等实体类型。

这些实体之间是如何关联的呢？物理学家和定理、定律之间存在发现的关系，定理、定律又和公式之间存在表达的关系，实验方法和定理、定律之间则存在验证的关系，这些都是关联的类型。

接下来就是从初中物理课本中抽取不同类型的实体和关联实例。图10-6显示了这个物理知识图谱的一部分。

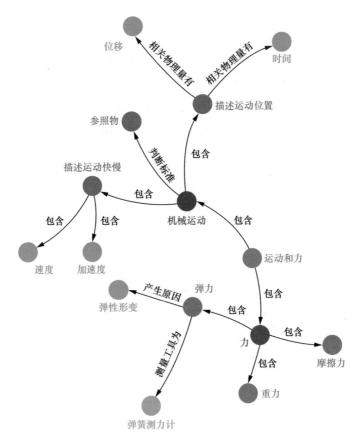

图10-6　初中物理知识图谱的一部分

如何抽取实体和关联是技术层面的问题。而本体则会约束知识图谱中各类元素的抽取策略和组织方法。我们需要先确定本体定义，再运用技术手段构建知识图谱。

3. 本体的变更

在构建知识图谱的过程中，有可能需要修订和调整本体的定义。例如，我们创建的初中物理知识图谱中有伽利略，他是"物理学家"这一实体类型的一个实例。伽利略是有记载的最早测量光速的物理学家，虽然未能成功，但这件事情意义重大。遗憾的是，我们在制作初中物理知识图谱时，并没有定义能够把伽利略测量光速失败这件事情放进去的类型。如果想要在知识图谱中呈现这个节点，就需要修改本体的定义，把物理事件也作为一个实体类型（见图10-7）。

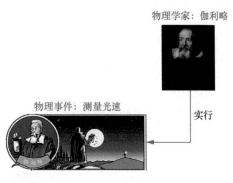

图10-7　增加"物理事件"实体类型

如果这样修改，那么我们要放进知识图谱的就不是伽利略测量光速失败这一件事情，而是要放进高中物理课本中牵涉的所有事件。由此可见，基于不同的本体设计出来的知识图谱肯定是不同的，这些知识图谱可以支持的业务逻辑也存在巨大差别。

10.3.2　知识图谱本体的影响

知识图谱的定义对于其应用有多大的影响呢？我们来看一个例子。图10-8和图10-9展示了两个知识图谱。仔细观察会发现，这两个知识图谱里所有的顶点，包括顶点的类型，以及一个个的实体实例，都是一样的。区别仅在于关联的类型不一样。图10-8中的关联是图10-9中的关联的一个子集，即图10-9比图10-8要多一些类型的关联。但就是这个的差别，导致这两个知识图谱提供给我们的信息差别巨大。

在图10-8所示的知识图谱中，实体包括狮子、斑马、羚羊、草等生物种类。观察这个知识图谱，我们可以看出其数据源来自一个生态系统，其中的实体全都是生态系统中的生物，包括食肉动物、食草动物和植物。

图10-8所示的知识图谱中的关联类型有哪些呢？图10-8中主要有"捕食"和"食用"两种关联类型，比如狮子捕食斑马，斑马食用草。通过这些关联，我们可以了解生态系统中谁是捕食者，谁是被捕食者，以及这些生物之间的食物链关系。

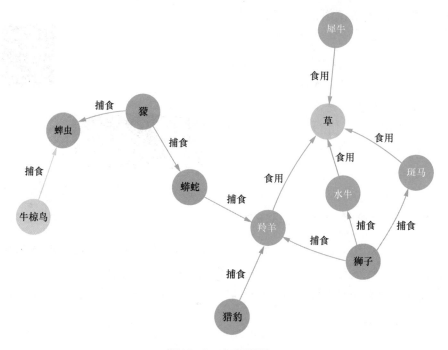

图10-8　知识图谱1

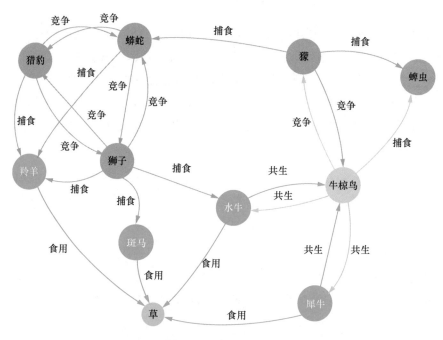

图10-9　知识图谱2

图10-9所示的知识图谱，是在图10-8所示的知识图谱的基础上，引入了两种新的关联关系：一种是"竞争"关系，表示不同捕食者之间存在竞争，例如狮子和猎豹可能会因为争夺同一只羚羊而发生竞争；另一种是"共生"关系，表示某些生物之间的互利共生，例如牛椋鸟帮助水牛清理皮肤，水牛则为牛椋鸟提供食物来源。

还有一点需要注意，与"捕食"和"食用"的单向关系不同，"竞争"和"共生"关系是双向的，这是因为"竞争"和"共生"的双方互为主客体，因此每一组"竞争"和"共生"关系在知识图谱中拥有方向相反的两条边。

综上所述，图10-9中仅仅多引入了两种关系，整个知识图谱所展现出来的生态系统的信息就已经有了非常大的不同。通过图10-9所示的知识图谱，我们不仅能够看出谁捕食谁，还能理解生物之间更复杂的竞争与共生关系。

10.4 知识图谱的构建

在了解了什么是知识图谱之后，接下来我们学习如何构建一个知识图谱。

10.4.1 知识抽取

构建知识图谱的第一步是从数据源中发现并抽取知识。这里的知识不仅包括图表中的实体，还包括关系。

1. 知识的抽取方式

知识可以由人工抽取，比如从小说中抽取时间、地点、人物，以及事件的起因、经过、结果等。人工抽取不但精准，而且可以对信息进行高度提炼。但人工抽取成本太高，世界上的信息浩如烟海，我们根本没有那么多的人力去做知识抽取。在这种情况下，利用计算机程序进行自动化知识抽取就成了研究的重点。当前常用的自动化知识抽取技术既有单独抽取实体的，也有单独抽取关系的，还有将实体和关系结合起来进行联合抽取的。

2. 实体抽取

很多实体是通用的，它们在各个领域都有可能被用到，比如人名、地名、机构名等。比如北京是一个地名，它出现在很多文献里，可能在散文里出现，也可能在小说里出现，还可能在新闻里出现。但无论它出现在什么上下文中，都指代一座城市。与此类似的还有人物、组织、设施、地理位置等，它们都是比较通用的概念，我们可以进行整体的抽取。提取这种通用名称的技术称为命名实体识别（Named Entity Recognition，NER）。

除了通用实体，还有领域实体。领域实体比较复杂，比如医药领域有很多病症、药品和化合物，以及诸如血液检查指标或基因片段、靶位等名词，专业性较强。这些名词一般不会在其他领域出现，对此类实体的抽取与通用实体的抽取会有很大的不同。

3. 关系抽取

无论是通用实体还是领域实体，内部都会有关联，因此还要进行关系抽取。关系抽取比实体抽取更复杂。实体有很多是通用的，但实体之间的关系是千变万化的。哪怕是通用实体间的关系，也会因为上下文的变化而千差万别。例如，对于实体"北京"和"小明"，"小明住在北京"和"小明想去北京玩"这两句话所表达的就是两种不同的关系。

虽然有些关系（如亲缘关系、法律关系等）可以通用，但它们只是成千上万个关系中极少的一部分，而且即便是这样的关系，在不同的语境下所要表述的关系也有可能不同。比如"居里夫人曾经是居里先生的学生"这句话，其中居里夫人和居里先生的关系就是师生关系而不是夫妻关系，虽然他们更稳定的关系是后者。领域实体之间的关系有可能比实体间的通用关系更简单，因为领域实体的内涵和外延相对较小，相互作用也趋向于更加纯粹。但即便如此，抽取领域关系还是要比抽取领域实体难。

由此不难看出，关系抽取在整体上要复杂得多。

10.4.2 结构化数据的知识抽取

知识抽取的数据源具有多样性，有结构化数据、非结构化数据和半结构化数据。不同的数据源对应的知识抽取方法也大有不同。

结构化数据是指具有一致组织的数据。比如存储在关系数据库里的记录，其中有哪些字段，每个字段都有什么样的含义，是什么样的数据类型等，这些都非常明确。要把知识图谱里的顶点和边从结构化数据中提取出来，相对比较容易。

1. 直接映射法

从结构化数据中进行知识抽取，有一种方法叫直接映射法。当数据源是关系数据库时，待抽取的实体一般是数据表中的字段。

2. 关系数据的导出

假设数据源是某公司的信息数据库，其中有一个员工信息表，每一行对应一个员工，而知识图谱的本体也定义了"员工"这一实体类型。在这种情况下，我们可以把这个数据表中的每一条记录直接映射成知识图谱中"员工"实体的一个实例，而这些记录对应的每一个字段——这些字段在二维关系表中呈现为列——也就成了实体的属性。例如，有一条记录对应的是员工张三的基本信息，包括张三于2018年加入公司、出生于1986年、学历是研究生、在工程部门负责前端研发工作，这些都可以作为"张三"实体的属性。我们只需要把数据读取出来，然后根据数据表自带的结构信息把实体类型、实体、属性名、属性类型和属性值直接映射出来即可。这样只需要一个数据处理脚本，就可以直接抽取实体了。

同理，关系也可以采用这种方法来抽取。我们可以根据不同数据表之间的显性关联来获取实体间的关系。比如员工信息表中存在部门ID，用于关联到部门表中对应的数据，这样员工和部门之间就建立起了一个类型为"属于"的关联。即使没有显性关联，我们也可以通过人为制定规则建立起实体间的关系。总之，关系也可以从数据表中直接映射出来。

3. 工程性方法

结构化数据的知识抽取在大多数情况下是一个工程性的问题，或者说是一个工作量的问题，虽然难度不高，但比较烦琐。又因为不同领域、不同机构的数据库各不相同，每一次抽取都必须根据数据表的内容和结构重新编写抽取脚本，而每一个数据库，甚至每一个数据表可能都需要自定义一套抽取方法，因此结构化数据的知识抽取方法基本上没有泛化的可能。

10.4.3　非结构化数据的知识抽取

非结构化数据完全没有人为设定的结构。对于此类数据，除了基于规则的实体和关系抽取方法，还需要用到基于模型的实体和关系抽取方法。基于模型的实体和关系抽取方法就是借助机器学习、深度学习等技术，通过训练获得模型，并根据模型的预测结果来进行知识抽取。

1. 基于人工智能技术的实体抽取

直观上，实体抽取就是从一段一段的自然语言叙述中，将不同类型的实体标注出来，既获得实体的名称、位置，又获得实体所属的类型。这类似于典型的序列预测任务。

在机器学习领域，CRF（条件随机场）可以用来完成序列预测任务。而在深度学习领域，我们可以通过神经网络来完成序列预测任务。在实践中，很多时候我们会将神经网络和CRF结合起来使用，比如LSTM + CRF或CNN + LSTM + CRF等。通过这些组合，我们可以构建一些神经网络架构来进行实体抽取。此外，注意力机制、BERT模型等也都可以用来进行实体抽取。

在通用领域，有很多已经被实践证明的高效的实体抽取模型，它们都能够达到相当高的抽取率。在非结构化数据上，基于模型的实体和关系抽取方法有一个好处，就是泛化能力比较强，可以应用到各式各样的非结构化数据中。一个模型训练好之后，如果它具有比较好的性能，就算更换要处理的文本，一般也不需要重新训练，可以直接应用。

2. 基于人工智能技术的关系抽取

RNN、LSTM、CNN、Transformer等神经网络架构经过适当的改造，可以用于非结构化数据的关系抽取。比如使用CNN对句子的语义进行编码，用于关系分类；使用RNN和LSTM直接进行关系抽取；使用RNN对句子的语法分析树进行建模，根据句子的词法和句法特征提取语义特征等。

不过整体而言，关系抽取还处在探索阶段，在真正的工业应用上，效果远不如实体抽取。一方面，算法和模型本身的效果及泛化能力有待实际验证；另一方面，神经网络的训练非常依赖数据，如果数据不足，关系抽取就很难达到可用的性能。

通用领域的关系抽取相对专业领域的更容易，因为通用领域的关系数据和关系标注相对较多，而专业领域的数据本来就少，能标注出来的实体不多，更不用说关系了，这进一步加大了关系抽取的难度。

3. 自动化知识抽取的数据不足问题

为了解决数据不足的问题，研究人员做了各种各样的尝试。比如，有人从数据侧入手，提出了远程监督（distant supervision）的思想，旨在将数据与已有的知识图谱进行对齐。如果两个实体在当前的知识图谱中被标记为某种关系，就认为同时包含这两个实体的所有句子都在表达这种关系。利用这种方法，可以自动标注大规模的训练数据。当然，引起误标注的可能性也很大。还有人从算法侧入手，引入图像领域的小样本学习（few-shot learning）方法，利用从以往数据中学习到的泛化知识，结合新数据类型的少量样本进行训练，以获得迁移的效果。

当然，引入更复杂的数据和更多的关系类型也是研究人员正在尝试的方法。相信关系抽取的研究很快就能取得突破。

4. 基于人工智能技术的联合抽取

实体抽取和关系抽取分开进行，会引入一些系统性的问题。假设我们使用真实的实体标签训练关系抽取模型，推理时就只能使用实体识别模型的输出作为关系抽取模型的输入，实体的真实数据和识别结果在分布上的差异必然导致关系抽取模型的性能下降。另外，在对实体和关系分别进行抽取时，实体类型与关系类型之间存在的隐含关联被忽略，而且针对每一种实体对进行关系抽取会造成大量的信息冗余。

为了规避这些问题，我们可以尝试一种新的技术——实体关系联合抽取，也就是用模型一次性把实体和关系全部抽取出来。实体关系联合抽取可以有效利用实体和关系之间的隐形联系，缓解误差的叠加。

目前，实体关系联合抽取模型分为两类：共享参数的模型和联合解码的模型。共享参数的模型在实体抽取和关系抽取两个子模型之间，通过共享输入特征或神经网络隐含层的状态来实现联合。这种方法虽然对子模型没有限制，但是因为实体抽取子模型和关系抽取子模型各自独立编码，所以两个子模型之间的交互不强。因为相对简单，这种方法是当前研究的主流。联合解码的模型对实体和关系直接进行联合编码，以加强两个子模型之间的交互，但这样会使编码过于复杂。为了在一定程度上进行简化，要么在实现时对特征进行限制，比如限制特征的阶数；要么使用近似解码算法，并承担解码结果不精确的后果。这也是研究人员目前正在尝试的技术，其可用性比分别抽取的可用性更小。

10.4.4 半结构化数据的知识抽取

半结构化数据是指虽然没有严格的组织和结构，但包含用来分隔语义元素的标记，并对文本进行分层的数据，比如网页、合同、说明书、论文等。虽然没有字段数据类型的定义，但它们都可以分为几个部分，并且每一部分的标题和内容组成类似。

半结构化数据虽然格式整齐，但计算机无法分辨，需要开发人员编写一些专门的解析器，把对应的数据抽取出来。以论文为例，首先是题名，然后是著者信息，接下来是摘要，紧接着是正文（正文的体例也是有标准的——从背景到问题，再到解决方案），最后是参考文献。知道结构后，我们就可以编写解析程序，解析一篇论文的不同部分，根据各部分的功能生成文档树。然后基于文档树所包含的结构信息，对其中的数据进行标注和训练等。

10.5 知识图谱的存储

在把实体及实体之间的关系抽取出来之后，逻辑上的知识图谱就构建成功了。此时，要将知识图谱进行存储。知识图谱的存储有多种方法，本节介绍几种常用方法。

10.5.1 基于 RDF 的知识图谱存储

如果是用RDF来描述知识图谱，因为RDF是XML格式的信息，所以可以直接将知识图谱存储成XML文件。RDFS、OWL也是如此。这些XML文件可以存放在文件系统中，这是一种十分传统的存储方法。

以这种形式存储的数据可以高效执行对三元组的归并连接，并且通过六重索引，即SPO（Subject-Predicate-Object，主—谓—宾），SOP（Subject-Object-Predicate，主—宾—谓），PSO（Predicate-Subject-Object，谓—主—宾），POS（Predicate-Object-Subject，谓—宾—主），OSP（Object-Subject-Predicate，宾—主—谓），OPS（Object-Predicate-Subject，宾—谓—主）的方式达到对三元组的高效搜索。但这样的索引结构复杂且冗余，计算开销大，更新维护的代价高。

10.5.2 基于图数据库的知识图谱存储

图数据库是一种基于图结构进行语义查询的数据库，它使用节点、边、属性来表示和存储数据。图数据库还是一种非关系数据库，里面明确地列出了数据节点之间的依赖关系，而关系模型和其他 NoSQL 数据库模型则通过隐式连接来链接数据，这使得图数据对图结构信息的支持更强。目前，业内倾向于采用图数据库（Graph DBMS）来存储知识图谱。

图数据库将数据之间的关系作为优先级，它从设计上就是为了直接且高效地检索难以在关系系统中建模的复杂层次结构。图数据库可以直观地显示关系，这对高度互连的数据非常有用，而且图数据库对知识图谱的可视化支持非常直接。但是，图结构比较复杂，基于图数据库的知识图谱存储实现代价高，大节点的处理开销也较大。

10.5.3 图引擎技术

图引擎（Graph Engine，GE）技术与图数据库的结合，在一定程度上弥补了图数据库的不足。图引擎是基于内存的分布式大规模图数据处理引擎。因为基于内存，所以图引擎可以随机访问，在线计算低延迟、离线计算高吞吐，基于高效的内存管理，既能够较好地处理分布式的问题，也能够支持自定义数据和计算模型。

图数据库负责存储知识图谱，图引擎则提供对图结构数据的查询、分析服务。两者的结合使得基于图的各种操作变得迅捷而高效。图数据库、图引擎，以及与它们相关的技术是当前研究与应用的热点，工具非常丰富，其中有很多是开源的，可以免费使用，例如著名的图数据库 Neo4j 就有开源版本。

10.6　基于知识图谱的应用

知识图谱的应用尚处于探索阶段。当前，知识图谱主要应用于商业搜索引擎、问答系统、电商平台和社交网站中。拥有丰富数据资源的知识图谱的潜力还远远没有被充分发掘。就现有应用而言，比较直接的一种是知识图谱对智能对话的支持。

10.6.1　智能对话系统的知识库

我们可以把知识图谱作为智能对话系统的一个知识库来使用。第9章介绍过，智能对话系统包含三大模块：自然语言理解模块、知识库模块和对话流程管理模块（也就是中控模块）。智能对话系统的知识库结构是多样的，既可以是"问题—答案"对，也可以是结构化数据库，还可以是知识图谱，关键要看智能对话系统在对终端用户的提问进行语言理解，并把结果传给对话流程管理模块之后，对话流程管理模块如何操作知识库。

10.6.2　作为检索入口的顶点和边

当知识库是知识图谱时，知识图谱里不仅有顶点，还有边，顶点和边分别对应实体和关系。既然如此，我们完全可以在自然语言理解模块中进行实体和关系的识别，然后将识别出来的实体和关系传给对话流程管理模块。对话流程管理模块负责在底层知识库（即知识图谱）中搜索对应的实体和关系，并通过命中实体和关系的引导结果来生成答案，最后返回给终端用户。

10.6.3　知识图谱对对话流程的支持

回顾10.3.2节的例子。假设现在用户提出了一个问题：斑马食用什么？此时就需要用自然语言理解模块来解析这个问题里面的实体和关系。解析出来的实体是"斑马"，关系则是"食用"。接下来，对话流程管理模块用"斑马"这个实体在整个知识图谱中进行搜索，很容易就命中了"斑马"这个节点，再根据"斑马"这个节点对外辐射的"食用"关系就可以定位到问题的答案——"草"，如图10-10所示。

我们再来看另一个例子——猎豹捕食的动物食用什么？从这个问题里面能解析出几个实体和几个关系呢？首先，"猎豹"无疑是一个实体。"动物"是实体吗？显然不是，"动物"只是一种实体类型，并非实体，所以我们不能单纯依靠"动物"来进行定位。因此，整个问题里面其实只有一个实体，就是"猎豹"。那么有几个关系呢？从这个问题中我们可以一次解析出两个关系，分别是"捕食"和"食用"。综上，我们要从"猎豹"这个实体开始，首先沿着它辐射出的"捕食"关系前进，找到猎豹捕食的动物——羚羊。然后，沿着从实体"羚羊"辐射出的"食用"关系继续前进，定位到最终答案——"草"，如图10-11所示。

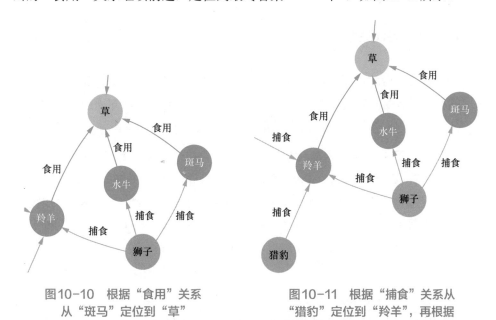

图10-10 根据"食用"关系
从"斑马"定位到"草"

图10-11 根据"捕食"关系从
"猎豹"定位到"羚羊"，再根据
"食用"关系从"羚羊"定位到"草"

图10-12展示了在对话端提问上述两个问题并得到回答的效果。

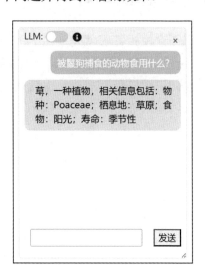

图10-12 以对话形式呈现的知识图谱检索过程

10.7　构建一个属于自己的知识图谱

10.7.1　SmartKG

SmartKG是微软提供的一款开源产品，主要功能是构建知识图谱。SmartKG采用的授权条款是MIT许可。SmartKG项目的初衷是成为一款知识图谱的教学系统，帮助用户学习知识图谱，其中最重要的就是学习知识图谱本体的定义。

微软公开了SmartKG的源代码，SmartKG的初始版本是基于C#的，读者可以用Visual Studio进行编译。微软还为SmartKG提供了打包好的Docker Image，下载后，只需要安装Docker和Docker Compose，就可以启动SmartKG，用浏览器访问并直接使用这款工具。后来，SmartKG又在C#版本仍然开源的基础上提供了一个Python版本（可以从GitHub的SmartKG仓库中下载），下载后无须编译即可直接运行。后续的例子都是基于Python版SmartKG实现的。

SmartKG用户不需要编程，这也是这款工具最有竞争力的一大优势。用户需要做的就是用SmartKG提供的知识图谱模板来描述自己想要的知识图谱。

10.7.2　知识图谱模板

知识图谱模板其实就是一个Excel文档。这个Excel文档一共分为2页，如图10-13所示，第1页用来定义知识图谱里面的顶点，也就是实体部分；第2页用来定义知识图谱里面的边，也就是实体之间的关系。从图10-13中可以看到，这个Excel文档中的每一行所对应的其实就是一个实体或关系。

观察图10-13（a）所示的实体部分。首先是实体id，其中可以包含英文、数字和符号。实体id对于每个实体来说都是唯一的，不可能存在两个相同的实体id，因为实体id是区分不同实体的唯一指标。

然后是实体名。实体名和实体id有什么区别呢？打个比方，实体id相当于人的DNA，实体名则相当于人的姓名。每个人的DNA都不一样，但姓名可以相同。也就是说，不同的实体可以拥有相同的实体名。

实体id	实体名	实体标签	引导词	属性名_1	属性值_1	属性名_2	属性值_2	属性名_3	属性值_3	属性名_4	属性值_4
grass	草	植物		物种	Poaceae	栖息地	草原	食物	阳光	寿命	季节性
lion	狮子	食肉动物		物种	Panthera leo	栖息地	草原	食物	肉	寿命	10-14年
zebra	斑马	食草动物		物种	Equus quagga	栖息地	草原	食物	草	寿命	20-25年
antelope	羚羊	食草动物		物种	Antilopinae	栖息地	草原	食物	草	寿命	10-15年
buffalo	水牛	食草动物		物种	Syncerus caffer	栖息地	草原	食物	草	寿命	15-25年
cheetah	猎豹	食肉动物		物种	Acinonyx jubatus	栖息地	草原	食物	肉	寿命	10-12年
oxpecker	牛椋鸟	鸟类		物种	Buphagus	栖息地	草原	食物	寄生虫	寿命	5-10年
rhino	犀牛	食草动物		物种	Rhinocerotidae	栖息地	草原	食物	草	寿命	35-50年
mongoose	獴	食肉动物		物种	Herpestidae	栖息地	草原	食物	小型动物	寿命	6-10年
tick	蜱虫	昆虫		物种	Ixodida	栖息地	草原	食物	血液	寿命	几个月至数年
python	蟒蛇	食肉动物		物种	Pythonidae	栖息地	雨林	食物	肉	寿命	20-30年

Vertexes Edges

（a）第1页：定义知识图谱里面的顶点

关系类型	源实体id	目标实体id
捕食	lion	zebra
捕食	lion	antelope
捕食	cheetah	antelope
捕食	lion	buffalo
捕食	python	antelope
捕食	mongoose	python
食用	zebra	grass
食用	antelope	grass
食用	buffalo	grass
食用	rhino	grass
捕食	oxpecker	tick
捕食	mongoose	tick
共生	oxpecker	buffalo
共生	oxpecker	rhino
竞争	oxpecker	mongoose
竞争	cheetah	python
竞争	cheetah	lion
竞争	python	lion
共生	buffalo	oxpecker
共生	rhino	oxpecker
竞争	mongoose	oxpecker
竞争	python	cheetah
竞争	lion	cheetah
竞争	lion	python

Vertexes Edges

（b）第2页：定义知识图谱里面的边

图10-13 知识图谱模板

接下来是实体标签。实体标签其实就是实体的类型。比如“草”，其类型是“植物”，“狮子”和“猎豹”的类型则是“食肉动物”。

紧接着是引导词。引导词用来对前面的实体进行简单的描述。引导词可以忽略，因为这里的引导词只起辅助作用。

最后是一些与实体相关的属性，这些属性都是通过"属性名+属性值"的组合方式来实现的。属性名是属性的类型，属性值是具体的属性。以"草"的第一个属性为例，属性名是"物种"，属性值是"Poaceae"（禾本科）。属性可以有多个，根据需要创建即可。

观察图10-13（b），只有3项数据需要填写。首先，需要指明关系类型，也就是两个实体之间是一种怎样的关系。然后，需要指明是哪两个实体，也就是指明源实体id和目标实体id，关系的箭头从源实体指向目标实体。因为实体id才是区分不同实体的唯一指标，所以这里只能填写实体id，而不能填写实体名。

10.7.3 知识图谱的可视化、知识查找及智能对话

填写好知识图谱模板后，构建相应的数据仓库，并通过网页上的上传接口，将包含顶点和边的Excel文档上传到SmartKG的数据仓库中，如图10-14所示。

图10-14 将包含顶点和边的Excel文档上传到SmartKG的数据仓库中

上传后，得到的知识图谱如图10-15所示。

在知识图谱左上方的搜索栏中输入具体的实体名称或关键词，就可以筛选出想要搜索的特定实体、该实体的属性、与该实体存在关系的其他实体及其之间的关系，如图10-16所示。

SmartKG会同步生成一个以这个知识图谱为知识库的BOT，该BOT能够解析自然语言、查询知识图谱并返回答案。如图10-17所示，在界面右下角的聊天

框中与BOT对话，用自然语言提出一些与这个知识图谱相关的问题，BOT就会从所提的问题里提取出关键信息并进行解析，基于这个知识图谱进行搜索，找出其中相关的实体或关系，并将搜索结果展示在聊天框中。它不仅可以展示目标实体本身，还可以展示实体的属性，以及与这个实体相关联的其他实体。这类似于用搜索引擎进行搜索，搜索引擎会把与搜索关键词相关的内容列出来，它认为用户可能会对这些相关内容感兴趣。当然，用户可以选择不接受搜索引擎的推荐。

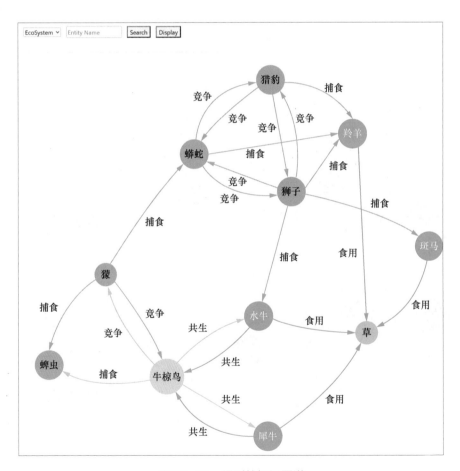

图10-15　得到的知识图谱

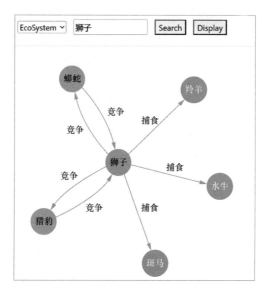

图10-16 搜索知识图谱

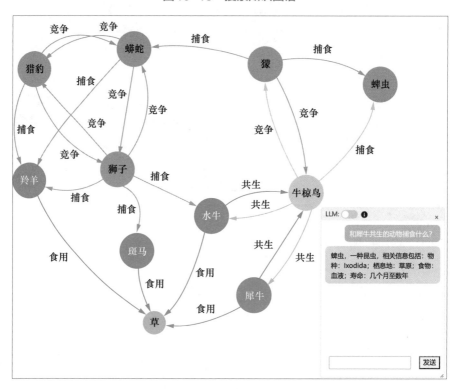

图10-17 和BOT聊天